栄養科学シリーズ
NEXT
Nutrition, Exercise, Rest

基礎化学

中村宜督・辻 英明／編

第2版

講談社

JN041863

シリーズ総編集

桑波田雅士　京都府立大学大学院生命環境科学研究科 教授
塚原　丘美　名古屋学芸大学管理栄養学部管理栄養学科 教授

シリーズ編集委員

青井　　渉　京都府立大学大学院生命環境科学研究科准 教授
朝見　祐也　龍谷大学農学部食品栄養学科 教授
片井加奈子　同志社女子大学生活科学部食物栄養科学科 教授
郡　　俊之　甲南女子大学医療栄養学部医療栄養学科 教授
濱田　　俊　福岡女子大学国際文理学部食・健康学科 教授
増田　真志　徳島大学大学院医歯薬学研究部臨床食管理学分野 講師
渡邊　浩幸　高知県立大学健康栄養学部健康栄養学科 教授

編者・執筆者一覧

辻　　英明＊　岡山県立大学名誉 教授(1)
中島　伸佳　元岡山県立大学保健福祉学部栄養学科 准教授(6)
中村　宜督＊　岡山大学学術研究院環境生命自然科学学域 教授(2，3)
室田佳恵子　島根大学生物資源科学部生命科学科 教授(4，5)

(五十音順，＊印は編者，かっこ内は担当章)

第2版 まえがき

私たちの体や毎日摂取する食品をはじめ，私たちの周りには物質が存在し，これらを利用して生活している．これらの物質をよく理解し，活用するためには，化学を学ぶことが不可欠である．特に，管理栄養士および栄養士を養成する大学・短期大学，または生活科学系大学・短期大学などの学生は，食品，栄養ならびに健康に関する分野の学びを深めるうえで，食べ物や生体を構成している物質の構造，性質ならびに化学的変化を十分に理解することが求められる．

近年，学生の化学の学習レベルが多様化していることに対応するために，本書の第2版では，フルカラー版に改訂することで色彩を豊かにし，より見やすくしただけでなく，専門用語の脚注を増やすなど，よりわかりやすく記述することに努めた．さらに，食品・栄養に関連するトピックを取り上げて興味がもてるようにしており，そのうえで，化学全体を把握して勉強できるように構成している．

第1章では，物質を構成している元素の性質を学び，そのうえで，物質の化学的な成り立ちを原子や分子のレベルから理解する．第2章では，物質の存在状態である，固体，液体および気体の3つの状態と，それぞれの性質を理解する．第3章では，物質の変化を原子同士の組合わせの変化である化学反応の視点から理解する．その一方で，第4章では，物質の変化をエネルギーの視点から学修し，エネルギーの定義や各種エネルギーについて理解を深める．第5章および第6章では，多くの物質を無機化合物および有機化合物に分類して，各化合物の性質および機能について学び，私たちの身の周りの物質の全体像を理解する．

本書は，すべてを学修すれば，身の周りの物質を原子のミクロなレベルから物質全体の性質まで，深く理解できるように構成されている．しかし，著者たちの思い違いや説明が不十分な点があるかもしれない．本書をより充実させるために，読者の皆様の忌憚のないご意見やご指摘を賜りますようお願い申し上げます．

終わりに，本書は（株）講談社サイエンティフィク野口敦史氏ほか，スタッフの方々の篤いご支援なくしては刊行できませんでした．ここに厚く御礼を申し上げます．

2024年4月

編者　中村　宜督
辻　　英明

栄養科学シリーズNEXT
刊行にあたって

「栄養科学シリーズNEXT」は，“栄養Nutrition・運動Exercise・休養Rest”を柱に，1998年から刊行を開始したテキストシリーズです．「管理栄養士国家試験出題基準（ガイドライン）」を考慮した内容に加え，2019年に策定された「管理栄養士・栄養士養成のための栄養学教育モデル・コア・カリキュラム」の達成目標に準拠した実践的な内容も踏まえ，発刊と改訂を重ねてまいりました．さらに，新しい科目やより専門的な領域のテキストも充実させ，栄養学を幅広く学修できるシリーズになっています．

この度，先のシリーズ総編集である木戸康博先生，宮本賢一先生をはじめ，各委員の先生方の意思を引き継いだ新体制で編集を行うことになりました．新体制では，シリーズ編集委員が基礎科目編や実験・実習編の委員も兼任することで，より座学と実験・実習が連動するテキストの作成を目指します．基本的な編集方針はこれまでの方針を踏襲し，次のように掲げました．

・各巻の内容は，シリーズ全体を通してバランスを取るように心がける
・記述は単なる事実の羅列にとどまることなく，ストーリー性をもたせ，学問分野の流れを重視して，理解しやすくする
・図表はできるだけオリジナルなものを用い，視覚からの内容把握を重視する
・フルカラー化で，より学生にわかりやすい紙面を提供する
・電子書籍や採用者特典のデジタル化など，近年の授業形態を考慮する

栄養学を修得し，資格取得もめざす教育に相応しいテキストとなるように，最新情報を適切に取り入れ，講義と実習を統合して理論と実践を結び，多職種連携の中で実務に活かせる内容にします．本シリーズで学んだ学生が，自らの目指す姿を明確にし，知識と技術を身につけてそれぞれの分野で活躍することを願っています．

シリーズ総編集　桑波田雅士
塚原　丘美

基礎化学 第2版 ―― 目次

●章末問題の解答や資料

https://www.kspub.co.jp/book/detail/5356401.html
QR コードから直接，または上記 URL の一番下にあるリンクからアクセスできます．

1. 物質の構造

ドミトリ・メンデレーエフ（1834～1907）
ロシア出身の化学者．1869 年，当時知られていた 60 種類あまりの元素の周期律を発見し，周期表を発表した．この発見により，化学は現代科学の仲間入りを果たした．

1.1 食品やヒトの体を構成している物質

食品学および栄養学を学ぶには，その対象とする食品および栄養現象についての理解が必要である．私たちは生きるために食品を摂取する．その食品は，タンパク質，糖質，脂質など多くの物質から成り立っている．また，私たちが食品を摂取すると胃腸において消化酵素により消化され，タンパク質はアミノ酸に，糖質はグルコースに，脂質はモノアシルグリセロール（モノグリセリド）と脂肪酸に分解され，腸管を通して体内に吸収される．そして体内で新しい物質に転換され，そこからエネルギーが取り出されるという栄養現象を私たちは営んでいる．このように，食品には多くの物質が存在し，栄養現象には多くの物質が登場している．**化学**は，**これらの「物質」がどのようにしてつくられるのか，どのような構成要素からできているのか，どのような性質を有するのか**などを明らかにする学問である．

私たちのまわりの物質群は**純物質**からなる**混合物**から構成されている．物質の性質を明らかにするには，多くの物質の塊（混合物）から一定の組成と固有の性質をもつ純粋な物質，すなわち純物質を単一の成分として取り出すことが必要である．

たとえば砂糖水は，砂糖という純物質を，水という溶媒に溶解した，水溶液という混合物である．水という物質を細かく分割を繰り返し，究極的にもはや分割できない**最小粒子**に到達させる．この粒子は水の性質を完全保持している．この最小粒子を**分子**という．一方，水を電気分解すると，水素と酸素が生成する．新たに生成した水素および酸素はこれ以上 2 つ以上の成分に分割できず，それぞれ水素および酸素という単一の**元素**からできているが，このような同種の元素からできている物質は**単体**という．水素と酸素を混合して点火するともとの水が生成する．水素および酸素という物質はいずれも水という物質とは似ても似つかない物質であり，それぞれ 2 つの水素原子(H)および酸素原子(O)から成り立っている．このように，水は水素および酸素の 2 種類の原子から構成され，H_2O という分子式で表される．2 種類以上の元素から構成される分子は**化合物**という．本書では物質の基本概念，構成している**原子間の結合**(化学構造)，ある物質から別の物質への変化，すなわち**化学変化**(化学反応)などを学び，無機化合物，有機化合物の概略を学ぶ．有機化合物については「基礎有機化学」として詳しく学ぶことが必要である．

食品学，栄養学の各分野の理解，研究にはこれらの化学の知識が欠かせない．

1.2 物質の基本粒子：原子，分子，イオン

A. 元素と原子

私たちの身の回りには膨大な種類の物質が存在しており，それを構成している分子の種類も膨大な数に上る．これら分子を構成する要素は元素というが，元素は地球上に 90 種類程度しか存在しておらず，人工的に合成された元素を含めても 120 種類ほどしか知られていない(表紙裏「周期表」参照)．一方，元素としての固有の性質をもつ最小単位の粒子を**原子**という．

原子は，その中心に**原子核**があり，そのまわりをさらに小さい電子が高速で回転している．原子核は**陽子**と**中性子**の 2 種類の粒子から構成されている．表 1.1 には，これら粒子(**素粒子**)の性質が示されている．陽子と中性子の質量はほぼ同じであり，陽子は＋(正)の電荷をもつが，中性子は電気的に中性である．一方，電子は－(負)の電荷をもち，その質量は陽子の質量の約 1/1840 である．したがって，原子の質量は実質的には原子核に存在する陽子と中性子の質量を合計したものであり，陽子と中性子の数の和は**質量数**という．原子は全体として電気的には中性であるので，陽子の数と電子の数は等しい．陽子の数を**原子番号**という．原子は**元素記号**の左下に原子番号を，左上に質量数を添えて表される(図 1.1)．

原子は極めて小さい粒子である．原子(10^{-8} cm)をピンポン球(直径 4 cm)に拡大するのと同じ比率でピンポン球を拡大すると直径 16,000 km の球になり，この

表1.1 素粒子の質量と電荷
C：クローン
[資料：NIST, CODATA Recommended Values of the Fundamental Physical Constants : 2018 (2019)]

素粒子	記号	質量(kg)	電荷(C)
陽子	p	1.673×10^{-27}	$+1.602\times10^{-19}$
中性子	n	1.675×10^{-27}	0
電子	e^-	9.109×10^{-31}	-1.602×10^{-19}

図1.1　原子の表し方

質量数＝陽子の数＋中性子の数

$^{4}_{2}He$

元素記号

原子番号＝陽子の数（＝電子の数）

表1.2　身近な原子の同位体の存在比
通常 Cl_2 という場合，^{35}Cl と ^{35}Cl，^{35}Cl と ^{37}Cl，^{37}Cl と ^{37}Cl の3種類の組み合わせが存在している．これらは質量の差以外に化学的性質にはまったく違いはない．
［資料：J. R. De Laeter *et al.*, *Pure. Appl. Chem.*, **63**, 991 (1991)］

元素	元素記号	原子番号	おもな同位体	同位体の存在比(%)
水素	H	1	^{1}H ^{2}H	99.985 0.015
ヘリウム	He	2	^{4}He	100
ホウ素	B	5	^{10}B ^{11}B	19.9 80.1
炭素	C	6	^{12}C ^{13}C	98.90 1.10
窒素	N	7	^{14}N ^{15}N	99.634 0.366
酸素	O	8	^{16}O ^{17}O ^{18}O	99.762 0.038 0.200
ナトリウム	Na	11	^{23}Na	100
塩素	Cl	17	^{35}Cl ^{37}Cl	75.77 24.23

大きさは直径 13,000 km の地球より少し大きい．原子核の大きさはその地球の中心に存在する直径 100 m 程度の球に対応する．

炭素(C)という元素には，^{12}C，^{13}C および ^{14}C(0.01%以下)の 3 種類の炭素原子が存在している．それぞれ原子番号は 6 で同じであるが，原子核に存在する中性子はそれぞれ 6，7，8 個存在している．このように，原子番号は同じであるが，中性子の数が異なるものは**同位体**という(表 1.2)．このうち，^{14}C は放射線を出すので**放射性同位体**というが，他の 2 種類の同位体は放射線を出さないので，**非放射性同位体**または**安定同位体**という．このように，炭素という元素名は 3 種類の炭素原子の総称であることを意味している．

B.　イオン

物質の中には，原子あるいは複数の原子からなる原子団が電子を放出したり，あるいは取り込むことにより生成したものがある．このうち電荷をもったものを**イオン**という．電子を放出した場合，その物質は正電荷を帯びるので，**陽イオン**といわれる．電子を取り込んだ場合は，その物質は負電荷を帯びるので，**陰イオン**という．このようにイオン化する場合，放出したあるいは取り込んだ電子数を**イオンの価数**という．2 個の電子を放出したマグネシウム(Mg)は 2 価の陽イオン(Mg^{2+})になる．イオンの価数は，後述のように，原子の電子配置に依存する．

根元物質を求めて

古代ギリシア人にとって，物質の根元がどのようになっているかは，たいへん興味ある問題であった．紀元前６世紀，ミレトスのターレスは水が根元物質であると考え，アナクシメネスは空気が根元物質であると考えた．また，アナクシマンドロスは熱と冷，湿と乾の対立によりあらゆる物質が生成するものと考えた．デモクリトスは硬くて，均質で有限の種類からなる原子という概念を提起し，あらゆる物体は固有の原子の相互作用によりつくられるとし，プラトンは根元物質として土，水，空気，火の４元素を提唱した．

以上の諸説を統合して，アリストテレスはアナクシマンドロス説とプラトンの四元素説を組み合わせて，**アリストテレスの物質観**を提案している．

インドでは，釈迦(しゃか)が，土，水，火，風，空の五元素説を提唱し，それが信じられていた．

このような，アリストテレスによる物質観は中世時代を支配していた．この間に，錬金術が隆盛を極めた．1526年ごろ，パラケルススは根元物質として，硫黄，水銀，塩の三原質を提唱した．これらの物質は，硫黄は共有結合，水銀は金属結合，塩はイオン結合により生成したものである．この時代までに，多くの化学物質が合成され，天然物から単離されている．また，同時に，蒸留，乾留，熱分解，濾過，再結晶などの重要な技術が確立されている．17世紀半ば，ボイルは「懐疑的化学者」の著書の中で，「これ以上分解できない究極物質を元素と定め，元素相互の変換はありえない」と述べ，実験に基づいた物質観を提案している．その後，酸素，水素，窒素など元素が発見された．とりわけ，1800年前後，ラボアジェによる燃焼説，質量保存の法則の発見，ドルトンによる原子説，さらにアボガドロによる分子説など化学における重要な法則が次々と発見され，物質の根元要素は元素であることが確立された．

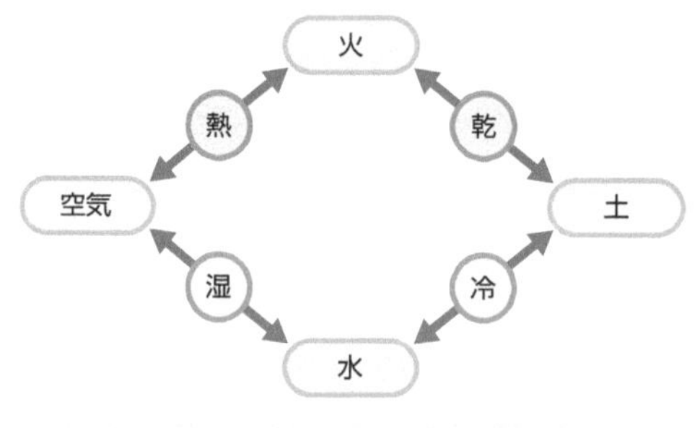

図 アリストテレスの物質観

C. 原子量と分子量

原子，分子は非常に小さく，それぞれ 1 個あたりの質量は極めて小さい．そのため，原子量という原子の質量の相対値で表すとたいへん便利である．最初，ドルトンは，水素原子の質量を 1 として，水素原子の質量に対する他の原子の質量の相対値を原子量としたが，今日では，炭素原子($^{12}_{6}C$)の質量を 12 として基準をとり，他の原子の質量の相対値を**原子量**としている．

しかし，実際に存在している元素は数種類の同位体で存在しているので，その存在比を考慮した同位体の質量の相対値の平均値を原子量として表示している．たとえば，炭素の原子量は表 1.2 から

$$12 \times \frac{98.90}{100} + 13.00 \times \frac{1.10}{100} = 12.01$$

である．

各元素の原子量は表紙裏に示した．

一方，分子の質量は，それを構成している原子の質量の総和になるので，**分子量**は構成している原子の原子量の総和になる．

たとえば，二酸化炭素(CO_2)の分子量は炭素と酸素の原子量から

$$12.01 + 16.00 \times 2 = 44.01$$

である．

また，食塩(塩化ナトリウム，NaCl)などの物質は分子として存在しているのではなく，Na^+と Cl^-が 1：1 の比で存在しており，組成式で表される．このような物質における全原子の原子量の総和は**式量**という．NaCl の式量は Na^+および Cl^-の原子量の和(22.99 + 35.45)から 58.44 である．

D. アボガドロ数とモル

分子の質量は著しく小さいので，1 個，2 個の分子を天秤で量りとることはできない．そのため，**アボガドロ数**という 6.02×10^{23} 個の分子の集まりを 1 つの単位として表している．この物質の量(物質量)を 1 モル(mol)という単位として扱う．たとえば，水(H_2O)の分子量は 18.01 であるが，この数字に g をつけた 18.01 g の水の中には，6.02×10^{23} 個の水分子が存在している．たとえば，鉛筆を数える場合，1 本，2 本と数えるのではなく，1 ダース，2 ダースとまとめて表したほうが便利な場合があるように，物質の量を表現するときモル表示は極めて便利である．

1.3 原子の構造と周期表における特徴

A. ボーアの原子モデル

20 世紀に入り，原子は陽子，中性子，電子の素粒子で構成されていることがわかってきたが，電子がどのように配置されているかは明らかにされていなかった．ボーアは，リュードベリによって導き出された関係式をヒントにして，水素原子の発光の際に放出される輝線スペクトルを，主量子数というエネルギー準位の概念として提唱した．

ボーアの理論，さらにシュレーディンガーの量子論やパウリの原理によると，原子核のまわりの電子は**エネルギー準位**の低いほうから順に，K 殻，L 殻，M 殻，N 殻，O 殻，P 殻という**電子殻**に分かれて存在する(図 1.2)．

原子核の周囲を回っている電子のうち，最も外側にある殻に存在する電子は，他の原子との結合に関係し，食品や私たちの体を含むありとあらゆる物質を生成するときに最も重要なはたらきをする．このような，最外殻に存在する電子を**価電子**という．ヘリウムの最外殻には 2 個の電子が存在するが，ヘリウムを除く貴ガス族*の元素(ネオン，アルゴンなど)の最外殻には 8 個の電子が存在する．この状態の価電子は化学的に極めて安定であり，他の原子と結合しない．このように 8 個からなる電子を**オクテット**という(p.17 参照)．

* 従来，希ガス(rare gas)と表記されていたが，IUPAC2005年勧告で貴ガス(noble gas)の表記となった．

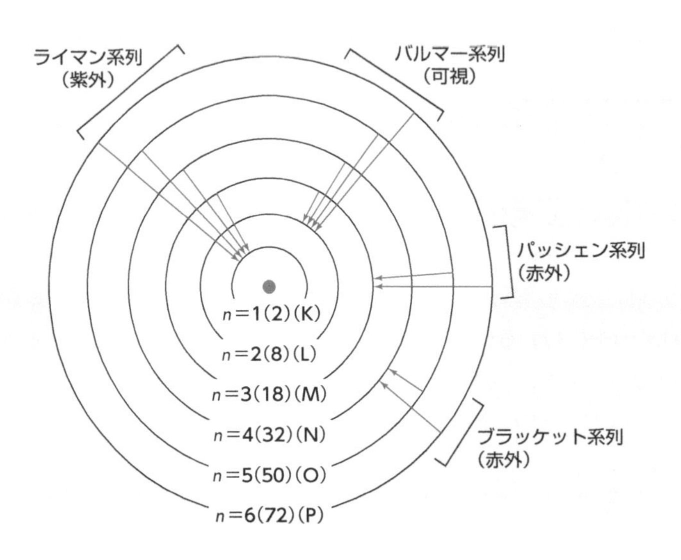

図1.2 ボーア模型，水素原子のスペクトル系列，収容電子数
●：原子核

SI：（仏）Système International d'unités,
（英）international system of units

物理量と国際単位系(SI)

物理量とは，物質の性質や運動を表したり，測定したりするために定義された量で，数値と単位の積で表されるものである．基本となる物理量は，長さ，質量，時間，電流，温度，物質量，光度の７つであり，定義された物理定数や物質固有の値をもとにしている．これらの量を表す単位には，おもに国際単位系(SI)が用いられる．

SI 基本単位である，m(長さ，メートル)，kg(質量，キログラム)，s(時間，秒)，A(電流，アンペア)，K(絶対温度，ケルビン)，mol(物質量，モル)，cd(光度，カンデラ)の７種と，これらを組み合わせて表すことができる SI 組立単位，N(力，ニュートン)，Pa(圧力，パスカル)，J(エネルギー，ジュール)の３種が基本的に用いられる単位である．さらに，これらの単位の前につけて，大きさを 10 倍単位で変えられる SI 接頭語があり，da(10^1，デカ)，h(10^2，ヘクト)，k(10^3，キロ)，M(10^6，メガ)，G(10^9，ギガ)，d(10^{-1}，デシ)，c(10^{-2}，センチ)，m(10^{-3}，ミリ)，μ(10^{-6}，マイクロ)，n(10^{-9}，ナノ)などがある．これら以外に度々併用される非 SI 単位には，体積の L(リットル，dm^3 と同じ量)や時間の m(分)や h(時間)などがある．

以前に非 SI 単位で表されていて，現在でも残存するものに cal や atm(気圧)や Torr(水銀柱ミリメートルと同意)があるが，以下のような変換式を知っておくと便利である．

$1\ J = 0.2390\ cal$(1 cal = 4.184 J)

1 気圧(1 atm) $= 1.013 \times 10^5\ Pa = 760\ Torr$

有効数字

化学で扱う数値には，「誤差を含む数値」と「誤差を含まない数値」に分類することができる．例えば，実験などで測定した値は，少なからずばらつきがあるため「誤差を含む数値」であるといえる．測定値はその測定に用いた機器や器具の精密さに依存するので，例えば 0.1 g まで測定できる電子天秤(測定誤差が± 0.1 g)を用いて，あるものの重さを測った際に測定値が 19.3 g だった場合，実際の重さは 19.2 g から 19.4 g の範囲であるといえる．つまり，19.3 の最下位の桁である 3 が不確かな値である．有効数字というのは，この「最下位の桁に誤差を含む数値」と定義されている．ちなみに，「誤差を含まない数値」には，定義の中で与えられた数や人数のように数えられる数が当てはまり，正確な値や絶対数という．

有効数字の桁数には規則があるが，特に 0 を含む場合，注意が必要である．

① 0 以外の数字だけの値はすべて有効数字になる

（例：231，有効数字 3 桁）

② 0 が 0 以外の数字で挟まれた場合，0 も有効数字になる

（例：23001，有効数字 5 桁）

③小数点より右側にある 0 は一番右側でも有効数字になる

（例：23.00，有効数字 4 桁）

④ 1 以下の値で，小数点以下の位を示すための 0 は有効数字ではない

（例：0.0023，有効数字 2 桁）

⑤整数で右端から連続した 0 は有効数字か否かには曖昧さが残る

（例：23000）

そのため，こういう場合，指数的表記を用いて，有効数字を明示する．

（例：2.30×10^4，有効数字 3 桁）

有効数字の計算や処理のしかたにも規則がある．

①計算で算出された数値を必要な桁まで処理する（丸める）場合は四捨五入する．

②計算途中でいったん計算結果を出す場合は，必要な有効数字の桁数よりも 1 ～ 2 桁多く残し，それより右の桁を切り捨てる．有効数字以下の数字は小さく記述することが望ましい．

③加減法の計算では，計算結果の有効数字の桁数は，計算に使われた数値の最小の桁が最も大きいものと一致させる．

（例：1.23 + 2.3 + 3.456 の場合，有効数字は少数第 1 位まで）

④乗除法の計算では，計算結果の有効数字の桁数は，計算に使われた数値の桁数が最も小さいものと一致させる．

（例：$1.23 \times 2.3 \times 3.456$ の場合，有効数字は 2 桁）

⑤対数の計算では，対数の「指標」という整数部分と「仮数」という少数部分に注目する．指標は有効数字の桁数にはいれず，仮数のみが有効数字の処理の対象となる．対数の少数部分の有効数字の桁数は，真数の有効数字の桁数と一致させる．

（例：$\log_{10}123 = 2.0899 \fallingdotseq 2.090$（小数点以下で有効数字 3 桁に）

B. 元素の性質と周期性

1869 年，ロシアのメンデレーエフは，当時知られていた 60 種類あまりの元素を原子量順に並べると，元素の性質が規則的に繰り返されること，すなわち周期性を発見し，1872 年に**周期表**を発表した（詳しくは表紙裏参照，図 1.3 に性質を示す）．性質の似た元素が縦に並んでいる．このことを**元素の周期律**という．ここでいう性質とは，単体の融点，沸点，原子の大きさ，金属性，イオンの大きさ，イオン化エネルギー，電子親和力，電気陰性度である．今日，用いられている周期表は**長周期表**というもので，原子量順で並べたものでなく，**原子番号順**，すなわち，原子核に存在する陽子の数が 1 個の水素から始まり，陽子数の順に並べたものである．

周期表の縦の列に属する一群の元素を**族**といい，1 族，2 族，3 族，…，18 族がある．また，横の行に属する一群の元素を**周期**といい，第 1 周期，第 2 周期，…，第 7 周期がある．第 6 周期には，3 族に**ランタノイド**という 15 種類の元素が属し，第 7 周期の 3 族には，**アクチノイド**という 15 種類の元素が属している．

＊ 12 族元素は，遷移元素に含める場合と含めない場合がある．

周期表において，1 族，2 族，および 13 ～ 18 族の元素は**典型元素**といい，3 ～ 12 族の元素は**遷移元素***という．また，元素のうち，図 1.3 に示しているように，ナトリウム，マグネシウム，カリウム，鉄，銅など多くの元素が**金属元素**

図 1.3 周期表と元素の性質

族 / 周期	1	2	3	4	5	6	7	8	9	10	11	12	13	14	15	16	17	18
	典型元素		遷移元素										典型元素					
価電子数	1	2											3	4	5	6	7	2 or 8
1	H 水素																	He ヘリウム
2	Li リチウム	Be ベリリウム											B ホウ素	C 炭素	N 窒素	O 酸素	F フッ素	Ne ネオン
3	Na ナトリウム	Mg マグネシウム											Al アルミニウム	Si ケイ素	P リン	S 硫黄	Cl 塩素	Ar アルゴン
4	K カリウム	Ca カルシウム	Sc スカンジウム	Ti チタン	V バナジウム	Cr クロム	Mn マンガン	Fe 鉄	Co コバルト	Ni ニッケル	Cu 銅	Zn 亜鉛	Ga ガリウム	Ge ゲルマニウム	As ヒ素	Se セレン	Br 臭素	Kr クリプトン
5	Rb ルビジウム	Sr ストロンチウム	Y イットリウム	Zr ジルコニウム	Nb ニオブ	Mo モリブデン	Tc テクネチウム	Ru ルテニウム	Rh ロジウム	Pd パラジウム	Ag 銀	Cd カドミウム	In インジウム	Sn スズ	Sb アンチモン	Te テルル	I ヨウ素	Xe キセノン
6	Cs セシウム	Ba バリウム	La~Lu ランタノイド	Hf ハフニウム	Ta タンタル	W タングステン	Re レニウム	Os オスミウム	Ir イリジウム	Pt 白金	Au 金	Hg 水銀	Tl タリウム	Pb 鉛	Bi ビスマス	Po ポロニウム	At アスタチン	Rn ラドン
7	Fr フランシウム	Ra ラジウム	Ac~Lr アクチノイド	Rf ラザホージウム	Db ドブニウム	Sg シーボーギウム	Bh ボーリウム	Hs ハッシウム	Mt マイトネリウム	Ds ダームスタチウム	Rg レントゲニウム	Cn コペルニシウム	Nh ニホニウム	Fl フレロビウム	Mc モスコビウム	Lv リバモリウム	Ts テネシン	Og オガネソン

金属元素　非金属元素　アルカリ金属　アルカリ土類金属　ハロゲン　貴ガス

ランタノイド	La ランタン	Ce セリウム	Pr プラセオジム	Nd ネオジム	Pm プロメチウム	Sm サマリウム	Eu ユウロピウム	Gd ガドリニウム	Tb テルビウム	Dy ジスプロシウム	Ho ホルミウム	Er エルビウム	Tm ツリウム	Yb イッテルビウム	Lu ルテチウム
アクチノイド	Ac アクチニウム	Th トリウム	Pa プロトアクチニウム	U ウラン	Np ネプツニウム	Pu プルトニウム	Am アメリシウム	Cm キュリウム	Bk バークリウム	Cf カリホルニウム	Es アインスタイニウム	Fm フェルミウム	Md メンデレビウム	No ノーベリウム	Lr ローレンシウム

であり，水素，ヘリウム，窒素などは**非金属元素**に分類されている．

特徴的な元素群としては，**アルカリ金属**(1 族)，**アルカリ土類金属**(2 族)，**ハロゲン**(17 族)，**貴ガス**(希ガス，18 族)がある．アルカリ金属に属する，$_{3}$Li，$_{11}$Na，$_{19}$K，$_{37}$Rb，$_{55}$Cs の元素については，単体である金属は軽くて軟らかく，化学的に反応性に富み，水とは激しく反応して水素を発生する性質をもつ．アルカリ土類金属に属する $_{12}$Mg，$_{20}$Ca，$_{38}$Sr，$_{56}$Ba の元素はアルカリ金属と比べて硬く，反応性もそれと比べて比較的弱い．アルカリ金属よりは弱いが，水と反応して水素を発生する性質をもつ．また，貴ガスより原子番号が 1 つ小さいハロゲンに属する $_{9}$F，$_{17}$Cl，$_{35}$Br，$_{53}$I の元素はいずれも非金属であり，化学的に非常に反応性が高い．貴ガスに属する $_{2}$He，$_{10}$Ne，$_{18}$Ar，$_{36}$Kr，$_{54}$Xe の元素は，いずれも気体で，空気中に微量存在しており，いずれも反応性が乏しく，化合物をつくりにくい性質を有する．

図 1.3 に示しているように，元素の性質は，周期表の位置によりおよその見当がつく．すなわち，周期表の左側には金属元素が，右側には非金属元素が位置し，反応性は金属元素においては下にいくほど強くなり，非金属元素群では，上にいくほど強くなる．鉄，クロム，マンガン，ニッケル，銅，金，白金，プラチナなど代表的な金属は，ほとんど遷移元素群に位置している．

C. イオン化と電気陰性度

1932 年にアメリカのポーリングは数値化された各元素の電子を引きつける力，すなわち電子親和力の強さを表す指標である電気陰性度を提唱しているが，周期表の右上にいくほど電気陰性度が大きいことがわかる(図 1.4)．この電気陰性度は後述の化学反応を理解するうえで，重要な概念となっている．

図1.4 元素の電気陰性度
電気陰性度が高ければ反応性も高いが，電気陰性度が低くても，電子親和力が小さいことで電子を失って陽イオンになりやすいため，反応性が高くなることもある．
104 番から118 番までの元素はデータなし．
[資料：国立天文台 編，理科年表 2024，丸善出版(2023)]

□ 金属元素
□ 非金属元素

周期＼族	1	2	3	4	5	6	7	8	9	10	11	12	13	14	15	16	17	18
	典型元素		遷移元素									典型元素						
1	H 2.2																	He
2	Li 1.0	Be 1.6											B 2.0	C 2.6	N 3.0	O 3.4	F 4.0	Ne
3	Na 0.9	Mg 1.3											Al 1.6	Si 1.9	P 2.2	S 2.6	Cl 3.2	Ar
4	K 0.8	Ca 1.0	Sc 1.4	Ti 1.5	V 1.6	Cr 1.7	Mn 1.6	Fe 1.8	Co 1.9	Ni 1.9	Cu 1.9	Zn 1.7	Ga 1.8	Ge 2.0	As 2.2	Se 2.6	Br 3.0	Kr
5	Rb 0.8	Sr 1.0	Y 1.2	Zr 1.3	Nb 1.6	Mo 2.2	Tc 2.1	Ru 2.2	Rh 2.3	Pd 2.2	Ag 1.9	Cd 1.7	In 1.8	Sn 2.0	Sb 2.7	Te 2.1	I 2.7	Xe
6	Cs 0.8	Ba 0.9	La~Lu 1.1~1.3	Hf 1.3	Ta 1.5	W 1.7	Re 1.9	Os 2.2	Ir 2.2	Pt 2.2	Au 2.4	Hg 1.9	Tl 1.8	Pb 1.8	Bi 1.9	Po 2.0	At 2.2	Rn
7	Fr 0.7	Ra 0.9	Ac~Lr 1.1~1.7															

物質の中で，食塩(NaCl)はイオン結合している物質であり，ナトリウム(Na)と塩素(Cl，クロール)から構成されているが，それぞれの原子は，結晶構造において，ナトリウムはナトリウムイオンとして，塩素は塩化物イオンとして存在している．一般に，周期表において左側の典型元素である金属元素は，反応性に富み，電子を放出して陽イオンになりやすい．ナトリウムの**イオン化**を表すと次式のようになり，電子 1 個を放出して 1 価の陽イオンとなる．

$$\underset{\text{ナトリウム}}{\mathrm{Na}} \longrightarrow \underset{\text{ナトリウムイオン}}{\mathrm{Na}^+} + \underset{\text{電子}}{\mathrm{e}^-}$$

周期表の左下にいくほど陽性は強くなる(図 1.4)．

周期表の右側にある典型元素のうち，18 族を除く元素は，一般に反応性に富んでいる．このうち，ハロゲンは特に反応性に富み，電子を引きつける力が強く，陰イオンになりやすい．塩素のイオン化は次式のようになる．

$$\underset{\text{塩素}}{\mathrm{Cl}} + \underset{\text{電子}}{\mathrm{e}^-} \longrightarrow \underset{\text{塩化物イオン}}{\mathrm{Cl}^-}$$

このように，周期表では右上にいくほど陰性になりやすい．この陰性になりやすさを**電気陰性度**という．

D. 原子の電子配置

ボーアにより，電子の配置の輪郭は明らかにされたが，依然として電子の詳細な配置は不明であった．

1924 年，ド・ブロイは，電子が**粒子**として存在しているのではなく，**波動**としての性質をもっていることを見いだした．さらに，1925 年，ハイゼンベルクは，電子の位置を正確に決めることはできず，**存在する確率**としてのみ表現でき

図1.5 電子雲

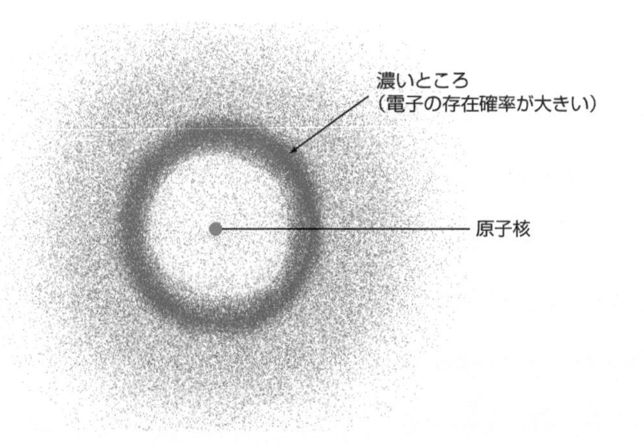

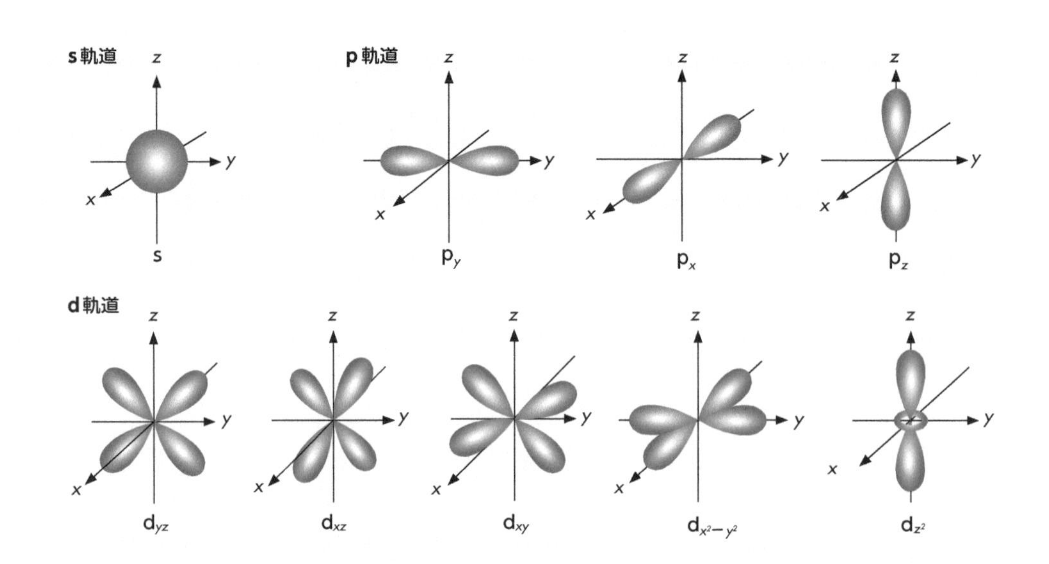

図1.6　オービタルの形
原点が原子核.

ること(不確定性原理)を示した. 1926年に, シュレーディンガーが電子の運動を**波動関数**で表しているが, これを視覚的に表現すれば, 電子の存在確率の大きなところは濃く, 確率の低いところは薄い**電子雲**として表すことができる(図1.5). このような電子雲の形をオービタル(軌道)というが, 電子雲の形は球形(s軌道)のほかに, 図1.6に示したようにいろいろな形(p, dおよびf軌道)が存在する. 図1.7に示しているように, 各軌道に属する電子のエネルギー(エネルギー準位)も互いに異なっている. 原子核のまわりの電子がどの軌道に属するかを示す電子配置は, 以下の3つの規則にしたがって, 決められる.

①電子は, 1つの軌道には最大2個までしか入らない(パウリの原理)

②エネルギーの低い軌道から順次入っていく
　(1s → 2s → 2p → 3s → 3p → 4s → 3d → 4p…)

③同じエネルギー準位のいくつかの軌道が存在する場合, 電子は順次別の軌道に

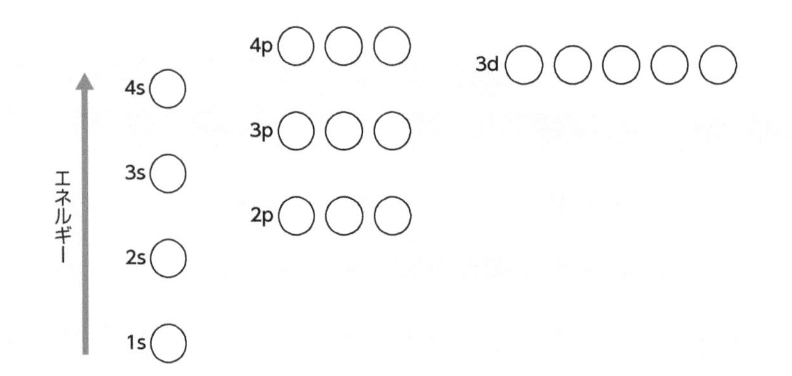

図1.7　1sから4pまでの原子軌道のエネルギー概念図
○は1つの軌道を表す. この中に最大2個の電子が入る.
M殻の3dよりN殻の4sのほうがエネルギーが低いため, ともに外側の殻からうまっていく(表1.3参照).

入り，自転の方向は同じように入る(フントの法則)

原子の基底状態の電子配置を，表 1.3 にまとめた．原子の化学的性質は，おもに最外殻に存在している電子(価電子)の数に依存している．最外殻の電子配置を比較すると一定の間隔で同じ型が認められ，価電子の数も周期的に繰り返す．

特に典型元素では，同じ族に属し，最外殻の電子配置は同じである場合，価電子の数も同じであり，化学的性質は極めて類似している．たとえば，ナトリウム，カリウムなどのアルカリ金属では価電子は 1 であり，私たちの体内では，ナト

表1.3 原子の基底状態の電子配置

遷移元素

ランタノイド

アクチノイド

電子殻		K	L		M			N				O	
元素	軌道	1s	2s	2p	3s	3p	3d	4s	4p	4d	4f	5s	5p
1	H	1											
2	He	2											
3	Li	2	1										
4	Be	2	2										
5	B	2	2	1									
6	C	2	2	2									
7	N	2	2	3									
8	O	2	2	4									
9	F	2	2	5									
10	Ne	2	2	6									
11	Na	2	2	6	1								
12	Mg	2	2	6	2								
13	Al	2	2	6	2	1							
14	Si	2	2	6	2	2							
15	P	2	2	6	2	3							
16	S	2	2	6	2	4							
17	Cl	2	2	6	2	5							
18	Ar	2	2	6	2	6							
19	K	2	2	6	2	6		1					
20	Ca	2	2	6	2	6		2					
21	Sc	2	2	6	2	6	1	2					
22	Ti	2	2	6	2	6	2	2					
23	V	2	2	6	2	6	3	2					
24	Cr	2	2	6	2	6	5	1					
25	Mn	2	2	6	2	6	5	2					
26	Fe	2	2	6	2	6	6	2					
27	Co	2	2	6	2	6	7	2					
28	Ni	2	2	6	2	6	8	2					
29	Cu	2	2	6	2	6	10	1					
30	Zn	2	2	6	2	6	10	2					
31	Ga	2	2	6	2	6	10	2	1				
32	Ge	2	2	6	2	6	10	2	2				
33	As	2	2	6	2	6	10	2	3				
34	Se	2	2	6	2	6	10	2	4				
35	Br	2	2	6	2	6	10	2	5				
36	Kr	2	2	6	2	6	10	2	6				
37	Rb	2	2	6	2	6	10	2	6			1	
38	Sr	2	2	6	2	6	10	2	6			2	
39	Y	2	2	6	2	6	10	2	6	1		2	
40	Zr	2	2	6	2	6	10	2	6	2		2	
41	Nb	2	2	6	2	6	10	2	6	4		1	
42	Mo	2	2	6	2	6	10	2	6	5		1	
43	Tc	2	2	6	2	6	10	2	6	6		1	
44	Ru	2	2	6	2	6	10	2	6	7		1	
45	Rh	2	2	6	2	6	10	2	6	8		1	
46	Pd	2	2	6	2	6	10	2	6	10		0	
47	Ag	2	2	6	2	6	10	2	6	10		1	
48	Cd	2	2	6	2	6	10	2	6	10		2	
49	In	2	2	6	2	6	10	2	6	10		2	1
50	Sn	2	2	6	2	6	10	2	6	10		2	2
51	Sb	2	2	6	2	6	10	2	6	10		2	3
52	Te	2	2	6	2	6	10	2	6	10		2	4
53	I	2	2	6	2	6	10	2	6	10		2	5
54	Xe	2	2	6	2	6	10	2	6	10		2	6

電子殻		K	L		M			N				O				P			Q
元素	軌道	1s	2s	2p	3s	3p	3d	4s	4p	4d	4f	5s	5p	5d	5f	6s	6p	6d	7s
55	Cs	2	2	6	2	6	10	2	6	10		2	6			1			
56	Ba	2	2	6	2	6	10	2	6	10		2	6			2			
57	La	2	2	6	2	6	10	2	6	10		2	6	1		2			
58	Ce	2	2	6	2	6	10	2	6	10	2	2	6	0		2			
59	Pr	2	2	6	2	6	10	2	6	10	3	2	6	0		2			
60	Nd	2	2	6	2	6	10	2	6	10	4	2	6	0		2			
61	Pm	2	2	6	2	6	10	2	6	10	5	2	6	0		2			
62	Sm	2	2	6	2	6	10	2	6	10	6	2	6	0		2			
63	Eu	2	2	6	2	6	10	2	6	10	7	2	6	0		2			
64	Gd	2	2	6	2	6	10	2	6	10	7	2	6	1		2			
65	Tb	2	2	6	2	6	10	2	6	10	8	2	6	1		2			
66	Dy	2	2	6	2	6	10	2	6	10	10	2	6	0		2			
67	Ho	2	2	6	2	6	10	2	6	10	11	2	6	0		2			
68	Er	2	2	6	2	6	10	2	6	10	12	2	6	0		2			
69	Tm	2	2	6	2	6	10	2	6	10	13	2	6	0		2			
70	Yb	2	2	6	2	6	10	2	6	10	14	2	6	0		2			
71	Lu	2	2	6	2	6	10	2	6	10	14	2	6	1		2			
72	Hf	2	2	6	2	6	10	2	6	10	14	2	6	2		2			
73	Ta	2	2	6	2	6	10	2	6	10	14	2	6	3		2			
74	W	2	2	6	2	6	10	2	6	10	14	2	6	4		2			
75	Re	2	2	6	2	6	10	2	6	10	14	2	6	5		2			
76	Os	2	2	6	2	6	10	2	6	10	14	2	6	6		2			
77	Ir	2	2	6	2	6	10	2	6	10	14	2	6	7		2			
78	Pt	2	2	6	2	6	10	2	6	10	14	2	6	9		1			
79	Au	2	2	6	2	6	10	2	6	10	14	2	6	10		1			
80	Hg	2	2	6	2	6	10	2	6	10	14	2	6	10		2			
81	Tl	2	2	6	2	6	10	2	6	10	14	2	6	10		2	1		
82	Pb	2	2	6	2	6	10	2	6	10	14	2	6	10		2	2		
83	Bi	2	2	6	2	6	10	2	6	10	14	2	6	10		2	3		
84	Po	2	2	6	2	6	10	2	6	10	14	2	6	10		2	4		
85	At	2	2	6	2	6	10	2	6	10	14	2	6	10		2	5		
86	Rn	2	2	6	2	6	10	2	6	10	14	2	6	10		2	6		
87	Fr	2	2	6	2	6	10	2	6	10	14	2	6	10		2	6		1
88	Ra	2	2	6	2	6	10	2	6	10	14	2	6	10		2	6		2
89	Ac	2	2	6	2	6	10	2	6	10	14	2	6	10		2	6	1	2
90	Th	2	2	6	2	6	10	2	6	10	14	2	6	10		2	6	2	2
91	Pa	2	2	6	2	6	10	2	6	10	14	2	6	10	2	2	6	1	2
92	U	2	2	6	2	6	10	2	6	10	14	2	6	10	3	2	6	1	2
93	Np	2	2	6	2	6	10	2	6	10	14	2	6	10	5	2	6	0	2
94	Pu	2	2	6	2	6	10	2	6	10	14	2	6	10	6	2	6	0	2
95	Am	2	2	6	2	6	10	2	6	10	14	2	6	10	7	2	6	0	2
96	Cm	2	2	6	2	6	10	2	6	10	14	2	6	10	7	2	6	1	2
97	Bk	2	2	6	2	6	10	2	6	10	14	2	6	10	8	2	6	1	2
98	Cf	2	2	6	2	6	10	2	6	10	14	2	6	10	10	2	6	0	2
99	Es	2	2	6	2	6	10	2	6	10	14	2	6	10	11	2	6	0	2
100	Fm	2	2	6	2	6	10	2	6	10	14	2	6	10	12	2	6	0	2
101	Md	2	2	6	2	6	10	2	6	10	14	2	6	10	13	2	6	0	2
102	No	2	2	6	2	6	10	2	6	10	14	2	6	10	14	2	6	0	2
103	Lr	2	2	6	2	6	10	2	6	10	14	2	6	10	14	2	6	1	2

リウム(Na)およびカリウム(K)は1価の陽イオンとして存在している．貴ガスでは，価電子は8である．

遷移元素は原子番号が増すにつれて，**内殻のdまたはf軌道**に電子が入っていく．これらの元素の最外殻に存在する電子の数は相互に同数であるため，性質は原子番号が隣同士でもよく似ている．

このように，周期表は原子の周期性に基づいて配列されているので，メンデレーエフが自ら提唱した周期表に基づいて，未知の元素の性質を予測したように，周期表における位置から，当該元素の陽イオンや陰イオンになりやすさなどの化学的な性質を推定することができる．

1.4 放射能と放射性元素

ドルトンは，原子説の中で，原子は決して別な原子に変わることがないと主張した．しかし，現在知られている120種類あまりの元素において，多くの元素は，その原子核が分裂し，放射線を放出して別の元素に変わることが知られている．このような**放射線を放出する性質は放射能**というが，放射能を有する元素の利用は私たちの生活に密接なかかわりをもっている．以下に，このような性質をもっている元素について説明する．

A. 放射能

X線は，1900年にレントゲンにより発見された．その波長は0.1 nmであり，可視光線の波長の4,000～8,000分の1ほどの電磁波である．可視光線などの普通の電磁波は空気などの媒体を通過する際に媒体をイオン化しないが，X線は通過する際，電離させる．このような性質をもつ電磁波を**放射線**という．放射線としては，X線のほか，電子などの粒子が高速で運動している**粒子線**もある．1898年，ベクレルはウラン鉱石がそれ自身放射線を放出する能力，放射能を有することを発見した．

代表的な放射線としては，X線のほかに**α線，β線，γ線**の3種類が知られている．α線は，原子核が崩壊するとき，ヘリウムの原子核He^{2+}(陽子2個と中性子2個で質量数4)を高速度で放出する粒子線である．この粒子が正電荷をもち，大きいために，生体におよぼす影響は大きいが，飛翔距離は空気中で2 cm，水中で1/30 mmで，薄い紙でも遮られる．また，α線を放出した元素は，質量数が4だけ少なく，原子番号が2だけ小さい元素に転換する．β線は電子が高速度で飛翔している粒子線で，原子核から放出されるときの速度は光速度の0.99～0.3倍である．電子は負電荷をもち，小さいので，その飛翔距離は，空気中では数 m，水中では 5 mm 程度である．β 線を放出しても元素の質量数は変わらず，原子番号が 1 だけ大きい元素に転換する．γ 線は X 線より短波長である電磁波で，物質に対する透過力は X 線より強い．

B. 放射性元素

放射能を有する元素には，2 つのタイプがある．1 つは，ウラン(U)のように，元素に属するすべての同位体が放射線を放出する元素で，**放射性元素**という．これに対してカリウム(K)に属する同位体は，^{39}K(9.08%)，^{40}K(0.019%)，^{41}K(6.91%)の 3 種類存在するが，これらのうち，^{40}K のみが β 線と γ 線を放出して ^{40}Ca に転換する**放射性同位体**である．放射性同位体あるいは放射性元素は，それぞれの元素に特有の時間で存在している原子の半数が分解して放射線を出す．この特有の時間を半減期という．

ウラン元素のうち $^{238}_{92}$U は次々と崩壊して，最終的には原子番号が 10 小さい安定な $^{206}_{82}$Pb で崩壊は停止する．この崩壊系列を**ウラン系列**($4n+2$)という．このほか，**トリウム系列**($4n$)，**ネプツニウム系列**($4n+1$)および**アクチニウム系列**($4n+3$)が存在する．このうち，ネプツニウム系列に属する元素のその半減期は短いため，地球上にはすでに存在しない．

C. 核分裂とその応用

核分裂で発生するエネルギーは莫大なものである．原子 1 個あたりで，^{235}U の核分裂は炭素の燃焼熱に比べて 5,000 万倍のエネルギーを放出する．^{235}U が一定濃度(4%)以上になると図 1.8A に示したように核分裂の連鎖反応が起こり，膨大なエネルギーが一度に放出される．^{235}U を 4%以上に濃縮したウランは**濃縮ウラン**といい，原子炉の燃料や原子爆弾に用いられる．天然ウランにおいて，^{235}U は 0.72%しか存在せず，他はほとんど ^{238}U である．^{238}U は中性子を吸収し，プルトニウム(Pu)に転換する(図 1.8B)．

図1.8 核分裂の連鎖反応とウラン(^{235}U)からのプルトニウム(^{239}Pu)の生成
^{235}U が 4%以上になると連鎖反応が起こる．

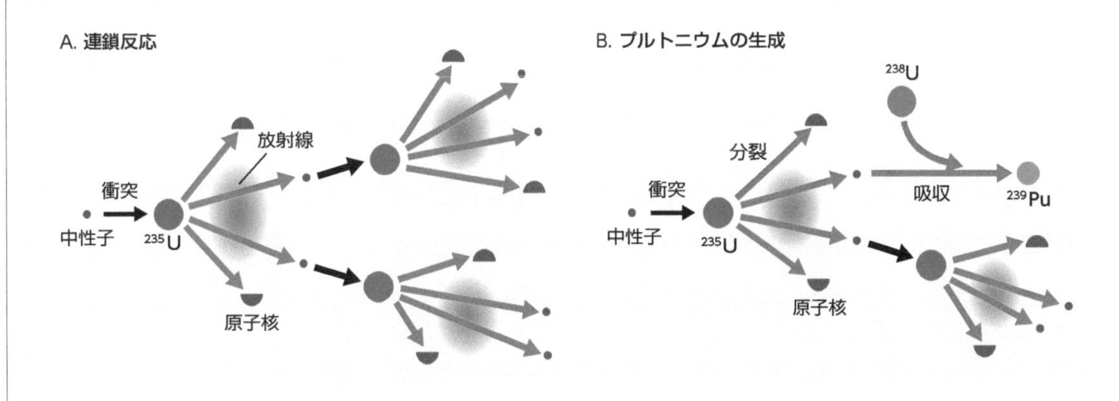

1.5 物質の基本粒子の結合

自然界には，膨大な数の物質が存在する．これらの物質は究極的には地球上に存在する単一の元素，あるいは複数元素の原子の集合体として存在し，それぞれ特有の性質をもっている．物質のもつこれらの性質は原子同士の相互作用，すなわち，原子同士の化学結合の様式に依存している．原子同士の結合様式としては，**イオン結合**，**共有結合**，**配位結合**，**金属結合**などがあり，分子間にはたらく相互作用として**水素結合**，**ファンデルワールス力**が知られている．

食品や生体に含まれる物質は，いずれも上述の結合単独または組み合わせにより形成されている．たとえば，グルコース，デンプン，タンパク質などの物質は共有結合により形成されており，ヘモグロビン，シトクロム c などのヘムタンパク質におけるヘム色素はポルフィリン骨格と鉄(Fe)との配位結合により形成されている．また，タンパク質の構造は共有結合以外に一部イオン結合，水素結合やファンデルワールス力によっても形成されている．以下に各結合様式について述べる．

A. イオン結合

ヘリウム(He)，ネオン(Ne)，アルゴン(Ar)などの 18 族元素(貴ガス)は，最外殻の電子が 2 個あるいは 8 個で安定で，そのまま単一原子(単原子分子)で存在している．しかし，その他の元素はイオン，または他の原子と化学結合して分子を形成する．

ナトリウム(Na)は電子を 1 個放出して 1 価の陽イオンになりやすい．塩素は電子を 1 個もらい，1 価の陰イオンになる．これらの現象はイオンになったときの電子配置がそれぞれ Ne と Ar と同じになるように起こる．

$$\mathrm{Na}[(1s)^2(2s)^2(2p)^6(3s)^1] \longrightarrow \mathrm{Na}^+[(1s)^2(2s)^2(2p)^6] + e^-$$

(Ne と同じ電子配置)

$$\mathrm{Cl}[(1s)^2(2s)^2(2p)^6(3s)^2(3p)^5] + e^- \longrightarrow \mathrm{Cl}^-[(1s)^2(2s)^2(2p)^6(3s)^2(3p)^6]$$

(Ar と同じ電子配置)

安定な電子配置になった陽イオンと陰イオンは静電気的な引力(クーロン力)で引き合ってできる結合を形成するが，この結合はイオン結合という．イオン結合しやすいものは，電子授受が少なくてすむような価電子の少ない金属元素(第 1 族と第 2 族の元素)と価電子の多い非金属元素との間である．食塩は Na^+ と Cl^- がイオン結合した典型的な例である．図 1.9 に塩化ナトリウム(NaCl)，塩化セシウ

図1.9 イオン結晶の例
●：陽イオン
●：陰イオン

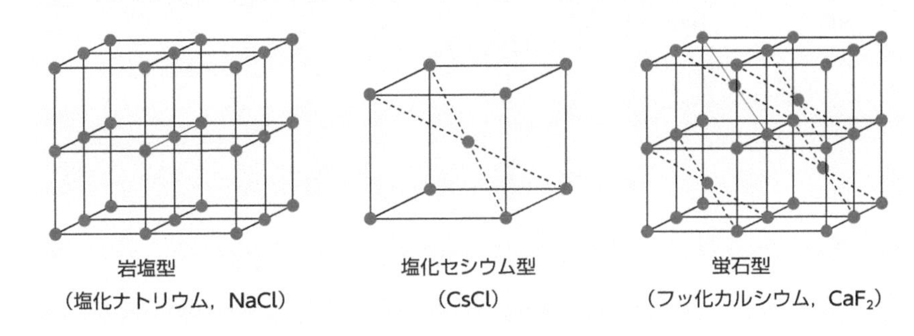

ム（CsCl）およびフッ化カルシウム（CaF_2）の結晶構造を示している．

図 1.9 の NaCl の結晶構造では，陽・陰両イオンが規則的な配置を取るが，イオン結晶内でのイオン間のクーロン相互作用には方向性がなく，各イオンはまわりの無数のイオンと相互作用している．食塩の化学式 NaCl は，陽イオン Na^+ と陰イオン Cl^- が 1：1 の比率で結合していることを表している．

B. 共有結合

共有結合の中で，共有電子対 1 組による結合を**単結合**，複数組の共有電子対からなるものを**多重結合**といい，共有電子対 2 組による結合を**二重結合**，共有電子対 3 組による結合を**三重結合**という．分子中の電子対は，結合に関与する原子軌道の重なりによってできる分子軌道に収容される．分子軌道には，次の 2 種類がある．

① **σ 結合**：原子核を結ぶ軸方向の軌道の重なりで生じ，電子の存在確率はその軸方向が最も高いような結合．

② **π 結合**：原子核の軸方向に対して垂直方向の p 軌道の重なりで生じ，軸方向においては電子の存在確率が最も小さい結合．

したがって，単結合は σ 結合のみから，二重結合は σ 結合と π 結合からなり，三重結合は σ 結合 1 つと 2 つの π 結合からなる．

a. ルイス理論による共有結合の説明

水素分子（H_2）は 2 個の水素原子が価電子を共有することによって形成されたものである．図 1.10 は 2 個の水素原子が分子を形成する過程を示しており，共有結合は結合エネルギーが最小になる状態に対応し，最も安定な状態である．

20 世紀初頭，G.N.ルイスは水素，フッ素（F_2），窒素（N_2）などの分子における原子間の結合理論として，下記の 2 つの規則を提案している．

(1)オクテット説　原子の最外殻が 2 個または 8 個の電子で満たされると，安定な化合物となる．分子中で共有結合している原子は，貴ガス元素と同じ電子配置を示す．

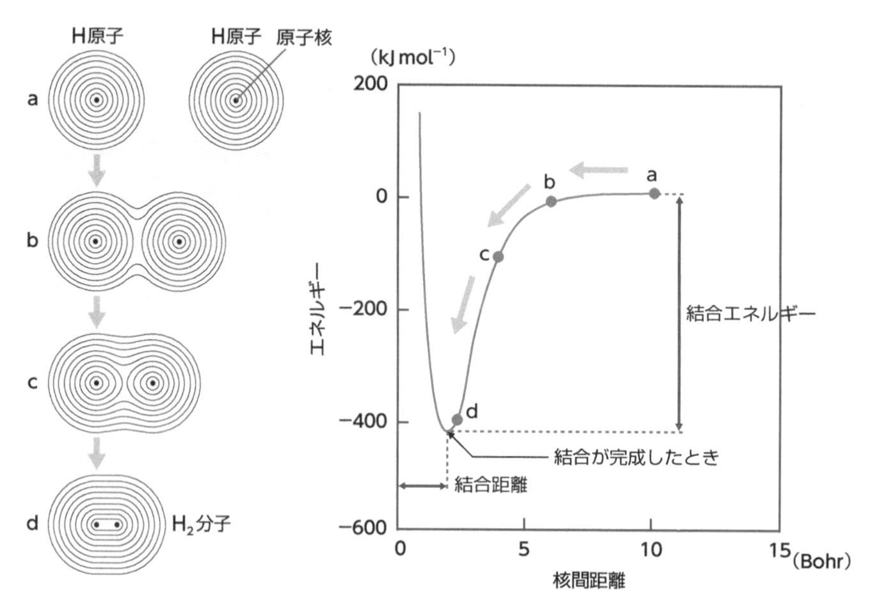

図1.10　水素原子から水素分子が形成されるモデル
2つの原子核の間の距離を核間距離という．結合エネルギーは熱または他の化学結合に使われる．

:N⋮⋮N:　窒素(N_2)

:Cl:Cl:　塩素(Cl_2)

H:N$^+$:H（上下にH）　アンモニウムイオン(NH_4^+)

:O:C:O:$^{2-}$（下に:O:）　炭酸イオン(CO_3^{2-})

図1.11　点電子式表記の例
最外殻の電子を・で表現．Nの場合，L殻の2sの2個，2pの3個の合計5個の点で表す．

(2)点電子式　共有結合に使われるのは，価電子のうちで対をなしていない不対電子である．分子を構成する原子中のすべての価電子は，共有電子対，非共有電子対(孤立電子対)，不対電子のいずれかに分類され，それぞれ点(・)で表示される．分類された価電子をオクテット説を満たすように分子式中の原子のまわりに配置したものを点電子式という(図1.11)．イオンの場合も，電荷を総価電子数から増減し，同様に表現する．この場合，1組の共有電子対は1本の価標(−)で示してもよい．また，二重結合は2本(=)，三重結合は3本の価標(≡)で表される．

b. 有機化合物は共有結合から形成される

共有結合を形成するためには，原子には不対電子がなければならない．原子がつくる共有結合の数を原子価というが，これはその原子がもつ不対電子の数に対応する．H，C，N，O，Fの例は表1.4のようになる．

表1.4 元素の電子配置，価電子の数，不対電子の数，結合数

元素	電子配置	価電子数	不対電子数	結合数(原子価)
H	$(1s)^1$	1	1	1
C	$(1s)^2(2s)^2(2p_x)^1(2p_y)^1(2p_z)^0$	4	2	4
N	$(1s)^2(2s)^2(2p_x)^1(2p_y)^1(2p_z)^1$	5	3	3
O	$(1s)^2(2s)^2(2p_x)^2(2p_y)^1(2p_z)^1$	6	2	2
F	$(1s)^2(2s)^2(2p_x)^2(2p_y)^2(2p_z)^1$	7	1	1

食品や生体に存在している物質のうち，ほとんどの物質は炭素(C)を含む有機化合物である．しかし，上に示したように，Cの不対電子は2個であるが，実際に炭素化合物における原子価は4で，共有結合の数は4である．この矛盾を説明するために，ポーリングは，「エネルギー差が比較的小さい n 個の原子軌道を混合してエネルギーが等しい n 個の原子軌道(**混成軌道**)を新しくつくる」という新しい**混成概念**を提唱し，現在もこの考え方で，炭素がかかわる化学結合は説明されている．

混成軌道には単結合だけからなる炭素原子の結合様式である **sp^3 混成軌道**，二重結合に関する化学結合である **sp^2 混成軌道**，三重結合に関する化学結合である **sp 混成軌道**の3種類が知られている．p^3 の3は，p軌道の p_x，p_y，p_z の3つの軌道を表す．メタン(CH_4)，エチレン(C_2H_4)，およびアセチレン(C_2H_2)を例に説明する．

(1)sp^3 混成軌道　1872年，ファント・ホッフとル・ベルはそれぞれ，炭素の化学結合について，正四面体構造を提唱した．すなわち，正四面体の重心に炭素が位置し，その4つの頂点に他の4つの原子が位置するような結合様式である．この説により，当時，問題になっていたD-酒石酸およびメソ酒石酸の違い，すなわち鏡像異性体の説明が可能となった．しかし，この正四面体説は単なる観念的なものであり，原子の構造がわかっていない段階ではしかたないものであった．その後，ポーリングは混成軌道の考え方でこの問題を解決した．

炭素原子の電子配置は，図1.12の左側に示すように，2s軌道にある2個の電子のうち1個の電子が，2p軌道のうち空の軌道である $2p_z$ の軌道に移動(励起)し，次いで，2s軌道および3か所の2p軌道($2p_x$，$2p_y$，$2p_z$)にあるそれぞれ1個の電子，合わせて4個の電子が混成して sp^3 混成軌道を形成する．

この軌道を，電子雲で表現すると，正四面体構造をとる(図1.13)．

図1.12　炭素原子(C)の sp^3 混成軌道の生成

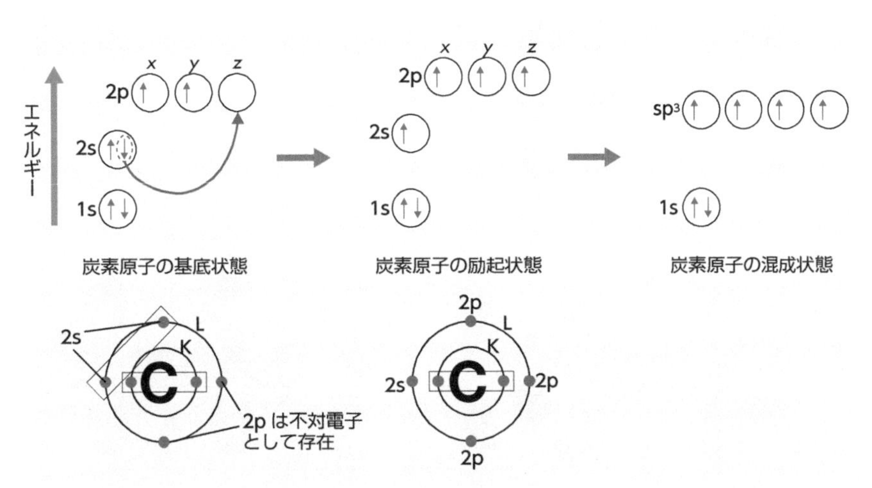

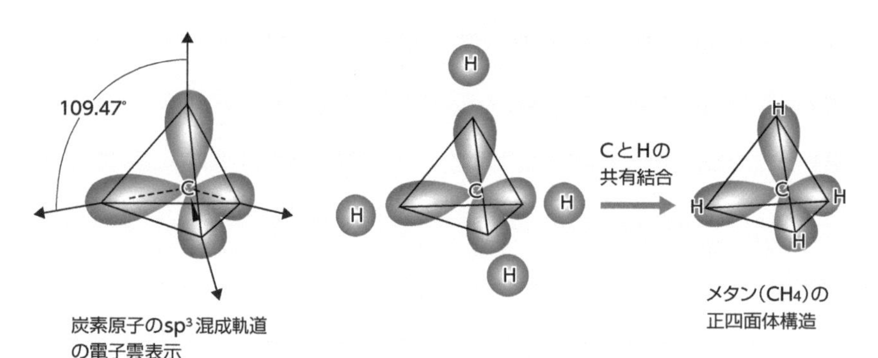

図1.13 炭素原子のsp^3混成軌道とメタンの化学構造

sp^3 混成軌道からなる化合物としてメタン(CH_4)の化学構造を図 1.13 に示している．メタンは天然ガスなどに含まれる最も簡単な有機化合物である．

(2)sp^2 混成軌道　炭素化合物には，二重結合を含むものがある．炭素原子と炭素原子との間の二重結合は，sp^2 混成軌道により説明される．

炭素原子の電子配置が，2s 軌道にある 2 個の電子と $2p_x$ 軌道にある電子 1 個，合わせて 3 個の電子が励起して sp^2 混成軌道を形成する(図 1.14)．

上記の sp^2 混成軌道を電子雲で表すと，図 1.15 に示したようになる．

二重結合を含む代表的な有機化合物として，エチレン(C_2H_4)が知られている．エチレンは図 1.16 のように平面構造をとる．炭素原子と炭素原子の間の二重結

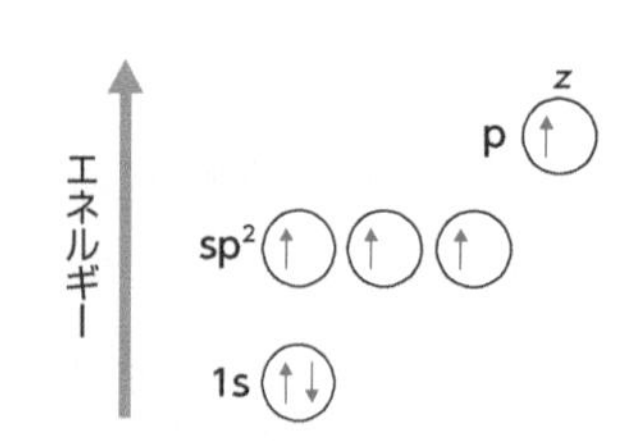

図1.14 炭素原子のsp^2混成軌道

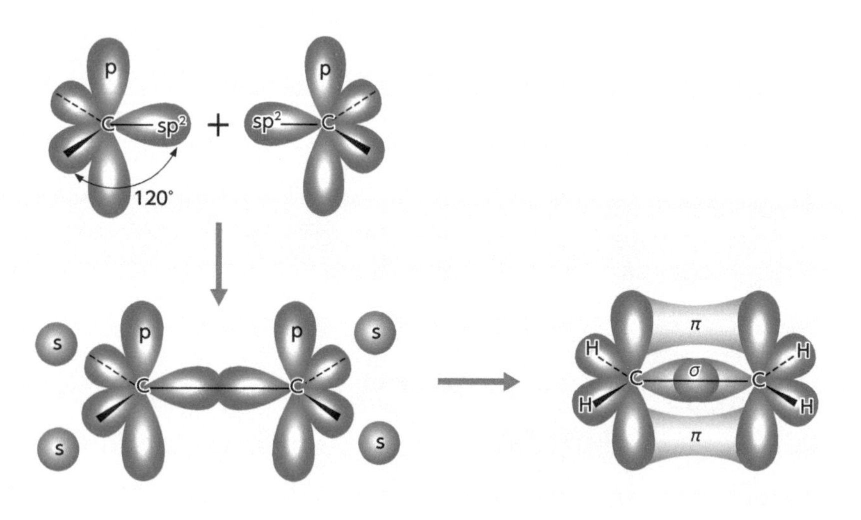

図1.15 電子雲表示による炭素原子の sp^2 混成軌道と炭素二重結合の生成

エチレン(C_2H_4)を例として表示している．

図1.16 エチレンの平面構造

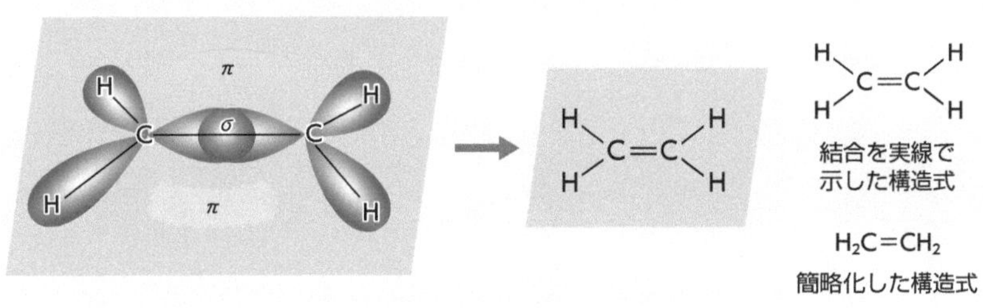

図1.17 1,2-ジメチルエチレンにおける幾何異性体

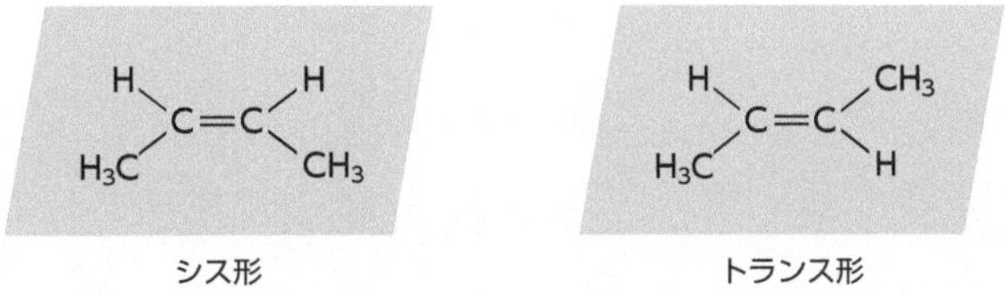

シス形　　トランス形

合は固定されているため，自由に回転しない．したがって，図 1.17 に示したような，それぞれの炭素原子に結合した 2 つの原子または原子団が異なる場合，シス形およびトランス形の 2 つのシス-トランス異性体(幾何異性体)が出現する．食品に含まれる脂肪を構成する二重結合を含む脂肪酸はすべてシス形である．

(3)sp 混成軌道　多くの有機化合物のうち，単結合および二重結合のほかに三重結合をもつ化合物が存在している．三重結合は，sp 混成軌道により説明されている．すなわち，炭素原子の 2s 軌道にある 2 個の電子のうち，1 個の電子が $2p_z$ の軌道に励起され，励起状態の 2s と 2p 軌道の電子が混成し，混成に用いられない 2 つの不対電子の 2p 軌道の電子が残り，結果的に 4 つの不対電子の軌道ができる(図 1.18)．アセチレン(C_2H_2)を例にとると，図 1.19 に示したような sp 混成軌道を形成し，できあがった分子の形は直線状になる．

C. 配位結合

アンモニア(NH_3)は，水素イオンと次のように反応してアンモニウムイオン(NH_4^+)を生成する(図 1.20)．

図1.18 炭素原子の sp 混成軌道
アセチレンの化学構造を考えると，このように sp^3 混成でなくて sp 混成と考えざるをえない．

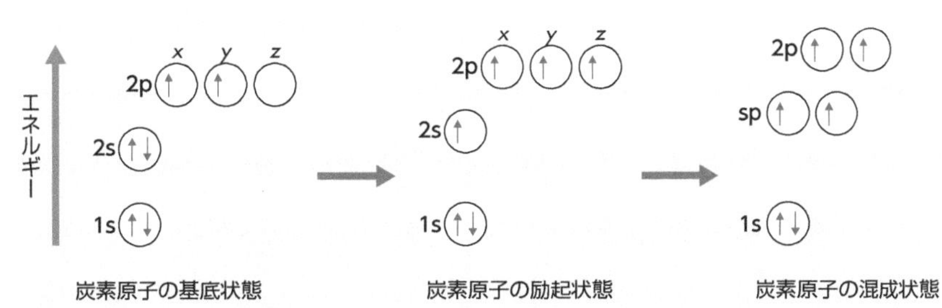

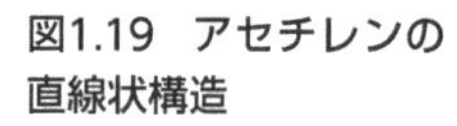

図1.19 アセチレンの直線状構造

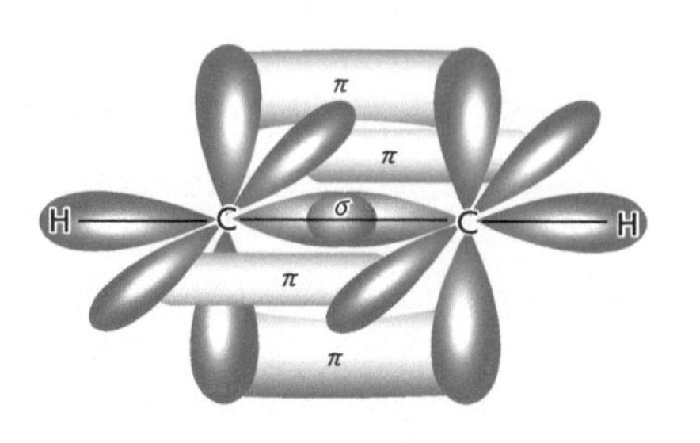

アセチレンの分子軌道概念図

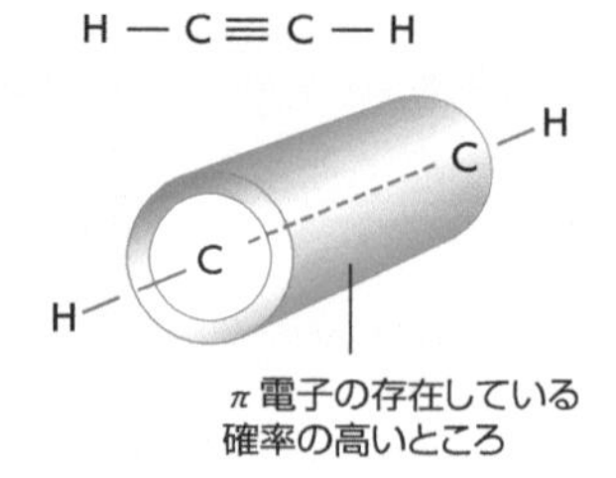

アセチレンの分子の形

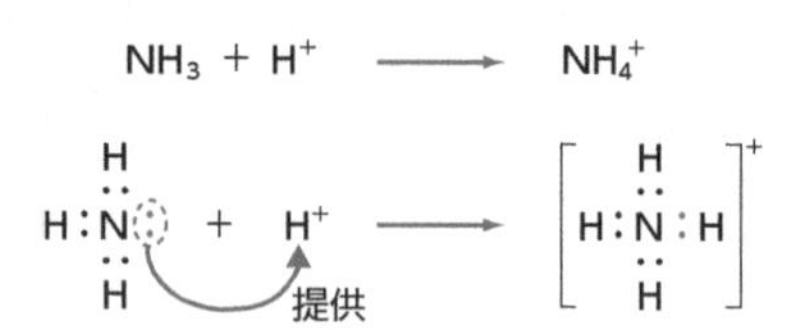

図1.20 アンモニア(NH_3)と水素イオン(H^+)の配位結合

$$NH_3 + H^+ \longrightarrow NH_4^+$$

H^+はK殻の電子が欠けているので，K殻の軌道は空である．点電子式から明らかなように，アンモニアにおけるN原子の非共有電子対1組をH^+に提供してN原子と結合し，アンモニウムイオンを生成している．このように，片方の空の軌道に，他方が非共有電子対を提供して新たに結合を生成する結合を配位結合という．しかしながら，このようにして形成した配位結合は共有結合と実質的には同じである．上述のアンモニウムイオンは4組のN-H結合は等価であり，CH_4と同じ**正四面体構造**となっている．非共有電子対を提供できる分子やイオンは配位子(リガンド)という．

D. 金属結合

共有結合やイオン結合で形成された結晶は電気を通さないが，金属結合により形成されたアルミニウムなどの金属は電気の良導体である．金属原子，たとえばナトリウム(Na)では，その最外殻電子，いわゆる価電子は1個であるが，図

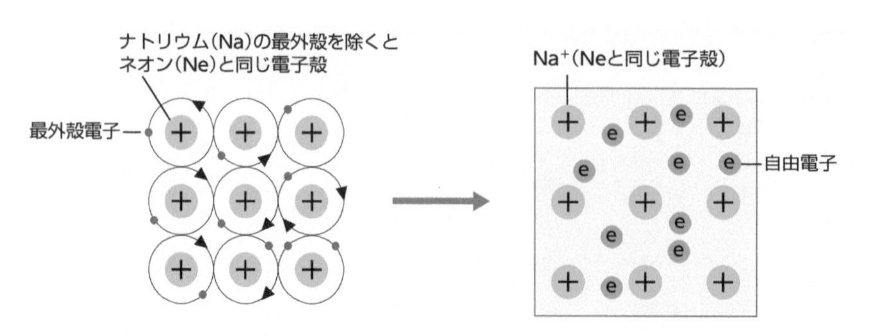

図1.21 金属ナトリウムの結晶
電子が自由にどの原子へも動けるようになり(自由電子)，1つのかたまりとして結合し，結晶をつくる．

1.21 に示したように，ナトリウムの最外殻電子 1 個を除いた部分はネオン(Ne)と同じ電子殻を形成しており，その価電子 1 個は自由に金属原子間を移動することができる．金属では，この**自由電子**を共有して金属イオン同士を結合し，金属原子の結晶をつくっている．この結合を**金属結合**という．金属の光沢，展性，延性，高い導電性および熱の伝導性は自由電子の存在で説明される．

E. 水素結合

水(H_2O)は異常に分子量が小さく，氷(固体)より水(液体)のほうが密度が大きく，溶媒としていろいろな物質を溶かす性質がある．このように，水の特有な性質は，水を構成している水素と酸素原子の性質によるものである．酸素原子の電気陰性度は水素原子のそれより大きく，したがって，水素原子と酸素原子の間の σ 結合を形成している共有電子対は酸素原子側に引き寄せられている．その結果，酸素原子のまわりは電子密度が大きくなり，負電荷の性質を帯びてくる．一方，水素原子は逆に電子密度が小さくなり，正電荷の性質を帯びてくる．この水分子の状態は**分極した状態**という(図 1.22)．このような状態の水分子と水分子の間には，互いの酸素原子と水素原子の間にも新たな結合が生じる．この結合を水素結合と

図1.22 水分子(H_2O)の構造と水素結合

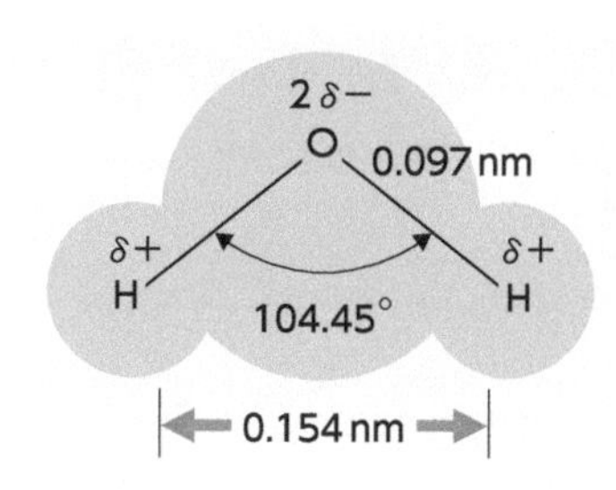

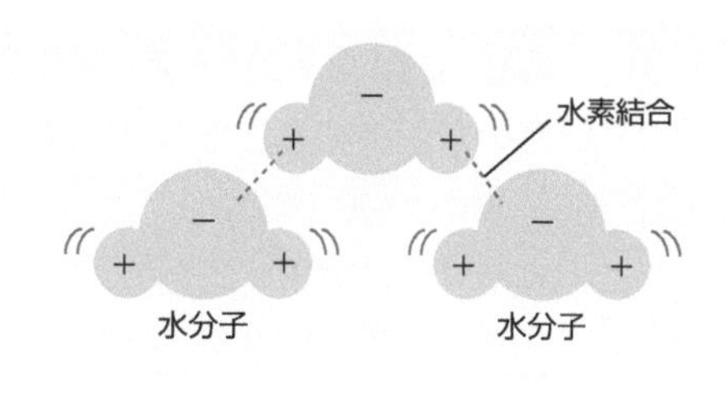

図1.23 水素結合の例

●：O（酸素）
●：H（水素）
------：水素結合
――：共有結合

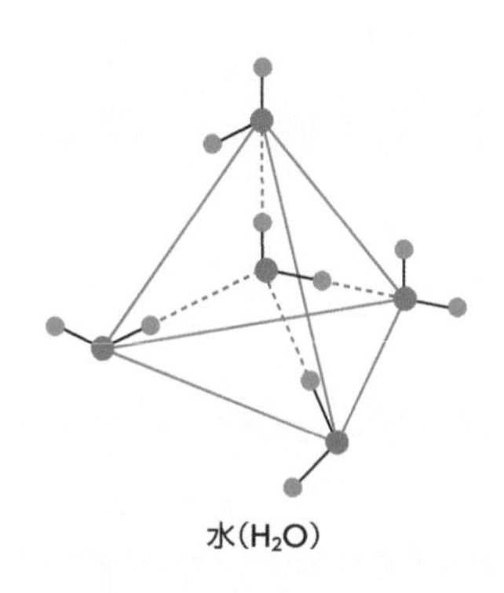

水(H_2O)

140°

フッ化水素(HF)

117°

ギ酸の(HCOOH)二量体

酢酸(CH_3COOH)の二量体

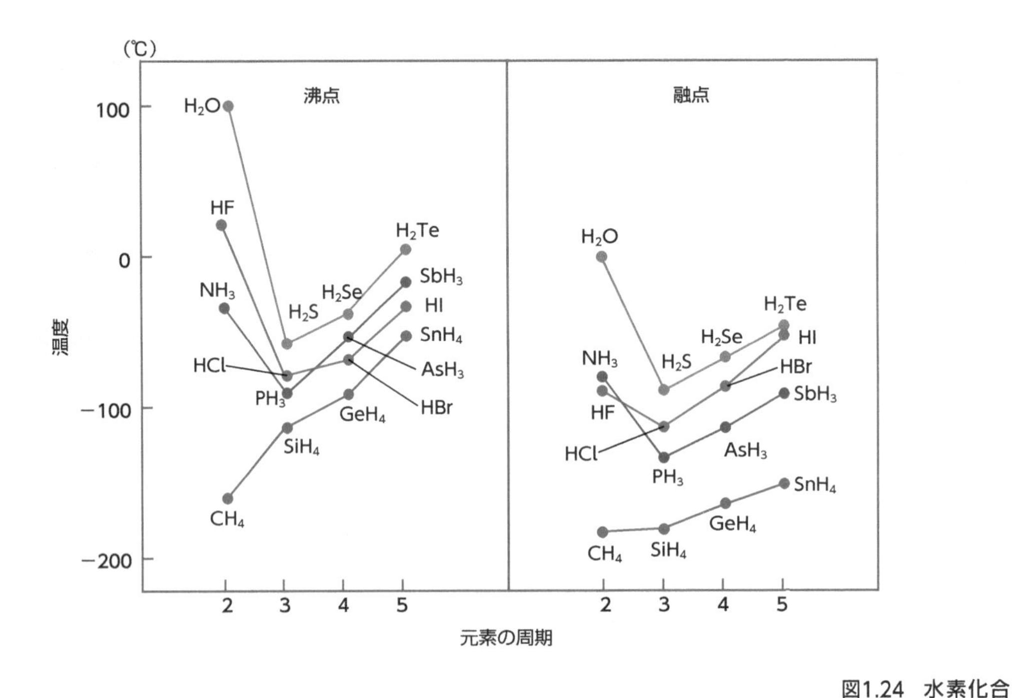

図1.24　水素化合物の沸点と融点
［資料：日本化学会編，化学便覧基礎編改訂6版，丸善出版(2020)］

いう．図 1.23 にいくつかの水素結合の例を示している．また，図 1.23 に示したように，低温におけるフッ化水素(HF)の固体は長い鎖をつくった構造をしており，水素結合のない他のハロゲン化水素(塩化水素 HCl，臭化水素 HBr，ヨウ化水素 HI)と比べて，沸点が高い(図 1.24)．

H_2O の融点や沸点は対応する他の 16 族の元素(硫化水素 H_2S，セレン化水素 H_2Se，

生物における水素結合の役割

水素結合は，私たちが生きていくためにはなくてはならない極めて重要な結合様式である．

生物において親は子に自らの形質を伝える．すなわち，遺伝子を伝える．遺伝子は細胞の核に存在するデオキシリボ核酸(DNA)上に存在する．DNA は二本鎖が右回りにらせん構造を形成している．このとき，図 A に示しているように，4 種類の塩基，アデニン(A)，グアニン(G)，シトシン(C)，チミン(T)のうち，A と T，G と C の間は水素結合により結合している．すなわち，DNA はこの 2 組の水素結合により二本鎖をしっかりと結合することができる．DNA の複製にあたり，二本鎖がときほぐれるが，水素結合を介してパートナーが一義的に選ばれ，結果として同じ DNA がつくられる．

また，細胞は，細胞の複製以外の活動を行うために，自ら活発にタンパク質を合成している．その場合，絶えず DNA を鋳型にして mRNA(メッセン

DNA：deoxyribonucleic acid

RNA：ribonucleic acid

ジャーRNA)を作製し，タンパク質を合成している．この場合，DNAにおける塩基配列にしたがって，たとえば，5′-ATTGCC-3′という順番であれば，鋳型鎖の5′-GGCAAT-3′が相補的にmRNAに転写されて5′-AUUGCC-3′となって遺伝情報が伝えられ，それに対応したタンパク質が正確に合成される．DNAからmRNAが作製されることを転写というが，この現象においても水素結合は極めて重要なはたらきを行っているのである．

また，私たちの体内では代謝が起こっているが，この代謝には非常に多くの化学反応がかかわっている．これらの化学反応(代謝反応)は生体触媒といわれる酵素により触媒されている．この酵素はタンパク質からつくられる．タンパク質の化学構造は，アミノ酸配列からなる一次構造，αヘリックス，βシート構造など，ペプチド鎖における水素結合による二次構造，さらにタンパク質が小さく折りたたまれてつくられる三次構造，このような三次構造を形成したポリペプチド鎖が2種類以上互いに結合している四次構造から成り立っている．これら二次構造，三次構造および四次構造は高次構造といわれるが，これらの構造は極めて弱い構造である．高次構造が崩壊することを変性といい，この変性に伴い活性を失うことを失活という．このようにタンパク質の高次構造保持に水素結合は極めて重要なはたらきをしている．

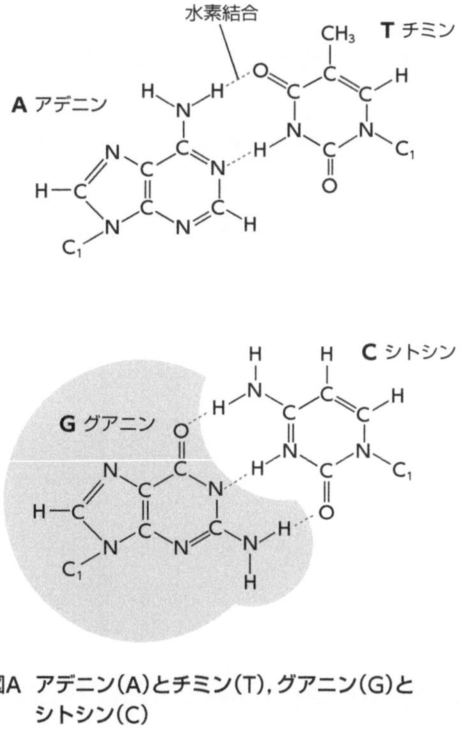

図A　アデニン(A)とチミン(T)，グアニン(G)とシトシン(C)

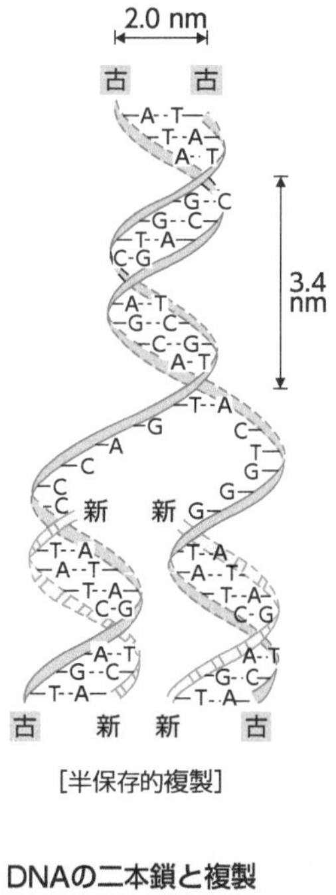

図B　DNAの二本鎖と複製
A=アデニン，G=グアニン，C=シトシン，T=チミン

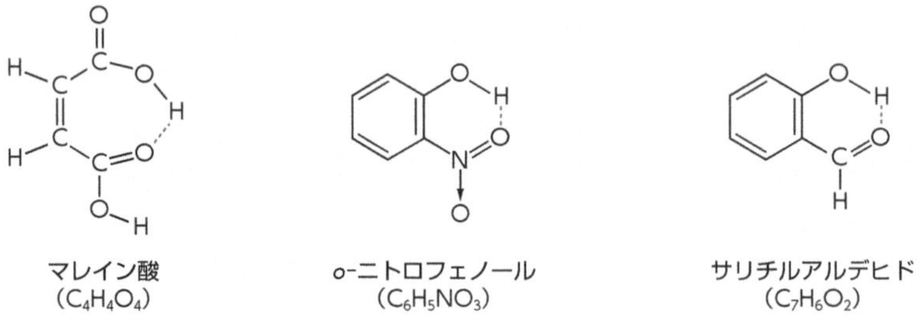

マレイン酸
($C_4H_4O_4$)

o-ニトロフェノール
($C_6H_5NO_3$)

サリチルアルデヒド
($C_7H_6O_2$)

図1.25　分子内水素結合の例
………：水素結合

テルル化水素 H_2Te)のそれと比べて高い．氷の結晶構造においては，1 つの酸素原子は水素原子を間に挟み，4 個の酸素原子により正四面体に囲まれた立体構造をとる(図 1.23 参照)．氷は 0℃で融解すると水素結合は切断されるものが多くなるが，密な構造になり，依然として水素結合は残っている．しかしながら，さらに温度を上げると水素結合はなくなり，4℃付近で，水の密度は最大(体積が最小)になる．水は多くの物質を溶解することができる優れた溶媒であるが，この溶解性は水分子が示す水素結合によるものである．

一般に，-OH (ヒドロキシ基または水酸基)，-COOH (カルボキシ基)，$-NH_2$ (アミノ基)を含む分子は，水素結合をつくりやすい．また，酢酸をベンゼンに溶解したとき，水素結合により 2 分子が結合した二量体をつくる(図 1.23 参照)．これらの水素結合は分子間水素結合という．このほか図 1.25 に示したように，分子内でも，水素結合が形成される．

F.　ファンデルワールス力

気体を圧縮したり冷却したりすると，液体，さらには固体に変化する．これは，分子が接近して分子間に引力がはたらくようになるからである．この場合のように，分子間相互ではたらく力を**ファンデルワールス力**という．この力は，原子間

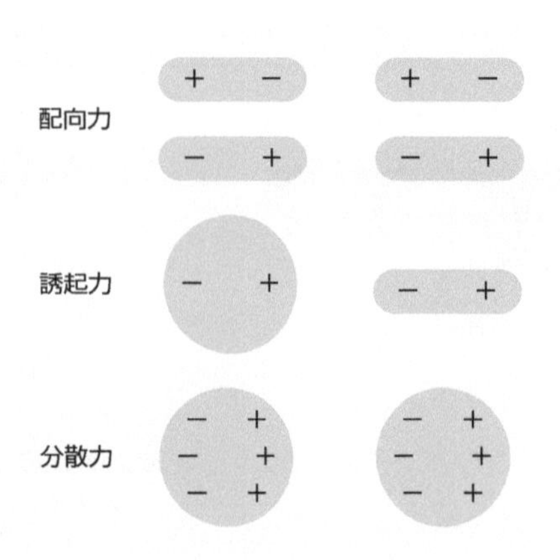

図1.26　ファンデルワールス力の種類

ではたらく共有結合，イオン結合，金属結合より弱く，分子間ではたらく水素結合より弱い．

このファンデルワールス力には 3 種類の力が知られている(図 1.26)．

①**配向力**：分極して生成した双極子同士の相互作用により，極性分子の間にそれぞれ双極子モーメントに依存した引力が生ずる．

②**誘起力**：もともと極性をもたない分子であっても，これに極性分子が近づくと，わずかに双極子が新たに誘起され，このことにより，2 つの分子間に弱い双極子同士による相互作用が生ずる．

③**分散力**：まったく双極子をもたない分子，たとえば H_2 などのような無極性分子でも，温度を低くすれば，互いに集まって液体や固体をつくる．これは，外殻の電子の分布が瞬間的に球対称でなく，双極子を生じ，この双極子同士の相互作用が生まれるからである．

(　　)に入る適切な語句を答えなさい．

1) 物質には，純物質およびそれらが混合してできた(　　)がある．食品は多くの純物質からなる(　　)である．

2) 純物質は，それ以上に分割できない分子という最小粒子からなる．分子はさらにいくつかの(　　)から構成されている．(　　)はさらに(　　)，(　　)からなる原子核，その周囲を回る(　　)から成り立っている．

3) 物質の根元要素は元素であるが，元素には同じ陽子数をもついくつかの原子が存在しており，これらは(　　)という．現在知られている元素の数は約 120 種類である．

4) 同位体の中には，放射線(α 線，β 線，γ 線)を出して他の元素に転換する(　　)同位体および放射線を出さない(　　)(安定)同位体がある．

5) メンデレーエフは元素間に(　　)を見いだし，原子量順に配列した短周期表を発表した．現在は，陽子数に基づいた原子番号順に配列した長周期表が用いられている．

6) 物質はいくつかの原子同士が化学結合により組み合わさって成り立っているが，この結合には(　　)結合，(　　)結合，(　　)結合，(　　)結合がある．また，分子間にはたらく作用として，(　　)結合およびファンデルワールス力がある．

7) 有機化合物においては主として単結合，二重結合，三重結合などの(　　)結合から成り立っている．

2. 物質の三態

ロバート・ボイル（1627 ～ 1691）
アイルランド出身の物理学者．温度が一定の場合，気体の体積は圧力に反比例することを発見．この法則をボイルの法則という．

私たちは，日常生活において「物質」が固体，液体，気体という状態で存在することを理解している．この３つの状態を**物質の三態**という（図 2.1，表 2.1）．食品の性質を理解するうえでも，「物質」の性質の基本として，この３つの状態に分けて論議することが重要となる．たとえば，食品の状態を左右する主要成分の水（H_2O）は，氷（固体），水（液体），水蒸気（気体）の状態で存在し，私たちのまわりにある物質は，分子，原子，イオンなどを最小単位としたそれらの集合体である．それゆえ，私たちが目で見ることができる物質の三態は，粒子の引力の強さ（集まろうとする勢い）や環境条件（温度や圧力など，運動したり分散させたりする勢い）に依存して変化する．温度が上昇すると，氷は水に，さらに水蒸気へと状態が変化する．これは，熱エネルギーを水（物質）が吸収することにより，集合体内の粒子の運動が激しくなり，粒子間の距離が変化するためである．この運動を**熱運動**というが，温度が高いほど激しくなる．逆に物質がもつ熱運動のエネルギーを，私たちは温度として観測している．同じ温度や圧力でも，違う物質では状態が異なるのは，物質によって粒子の引力が異なるためである．この物質の三態を理解することは，

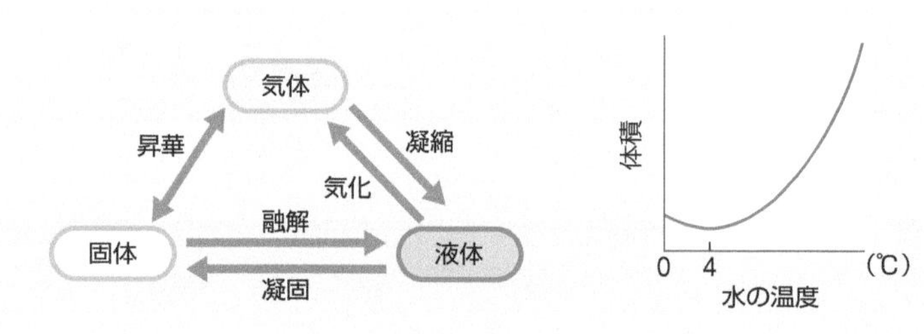

図2.1 物質の三態と水の温度と体積
同じ重さの水では，4℃の水が最も体積が小さい．この水1,000 cm^3の重さを1 kgとするのがkgの定義のもとである．

表2.1 物質の三態の性質

状態	体積	形	運動
固体	一定	定形	回転や振動のみ
液体	ほぼ一定	不定形 （圧縮はできない）	自由に移動 （分子同士の引力の影響を受けている）
気体	可変	不定形	自由に飛行

食品を保存，調理，摂取する際や化学反応を理論的かつ定量的に扱ううえでも極めて重要である．

2.1 物質の三態：固体，液体，気体

A. 固体

固体には，結晶性のものと非結晶性(無定形)のものの 2 種類ある．ダイヤモンドや食塩のような結晶性固体では粒子(原子や分子，あるいはイオン)が規則正しく並んでいるものであり(図 2.2)，ガラスやパラフィンなどの非結晶性固体は，規則性がなく粒子が不規則におかれており，粒子の配列としては後述の液体に近いと考えられている．固体は構成粒子間の距離が三態のなかで最も小さく，互いの引力も強いため，運動も小さな振動ほどに最小限に抑えられている．それゆえ，固体は一定の体積と決まった形をもつので，圧縮や変形させることは難しい．結晶性固体の性質(融点，硬さ，溶解性など)は粒子の結合様式(共有結合，金属結合，イオン結合，分子間相互作用)により大きく異なる．

氷を温めていき，ある温度(0℃)に達すると溶け始め，水へと変化する．このように固体から液体へ変化することを**融解***といい，このときの温度が**融点**である(図 2.3，表 2.2)．さらに加熱しても氷が完全に水に変化するまで，0℃のまま変わらない．これは加えられた熱が液体の運動ではなく，氷内の水分子(固体内の粒子)間の引力を切るために使われるためである．融点において固体を完全に液体に変えるのに必要な熱量を**融解熱**(kJ/g，**モル融解熱** kJ/mol)といい，水は 0.334 kJ/g(6.01 kJ/mol)である．この融解熱や融点の値は，圧力や温度などの環境条件が同じであれば，物質の種類によって異なり，物質固有の値であるといえる．そのため，融点を測定することで物質の種類や純度を検定することも可能である．固体が液体を経ずに直接気体に変化する過程，あるいはその逆の過程を**昇華**という．昇華する物質例としてドライアイスや室内の芳香剤，防虫剤があるが，これ

* 栄養学においては，熱量を表す単位として J(ジュール)ではなく，cal(カロリー)を用いることが多い．1 kcal=4.184 kJとなる(4.1B 項参照)．カロリーを使うと，水の融解熱とモル融解熱はそれぞれ 80 cal/g，1.44 kcal/molとなる．

図2.2 結晶の種類

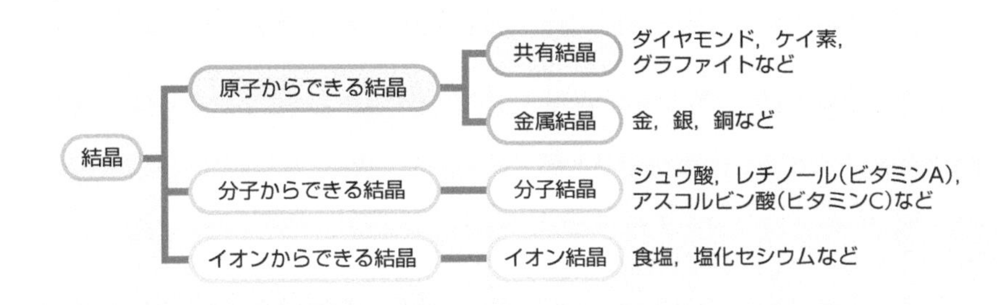

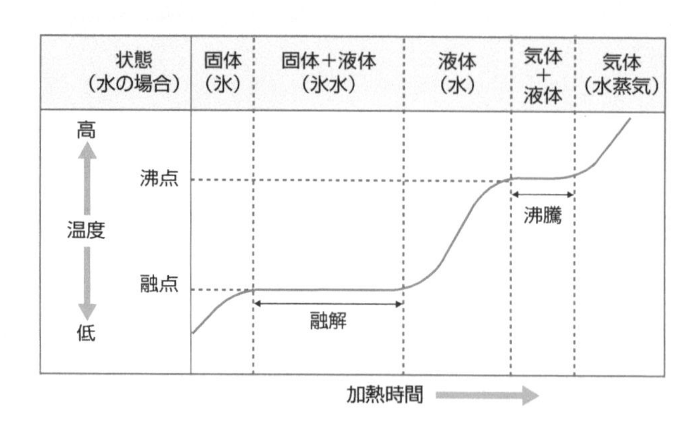

図2.3 温度変化に伴う状態の変化

表2.2 常温で液体である物質（溶媒）の融点と沸点
［資料：国立天文台編，理科年表 2024，丸善出版（2023）］

液体（溶媒）	融点（℃）	沸点（℃）
ジエチルエーテル（$C_2H_5OC_2H_5$）	−116	35
アセトン（CH_3COCH_3）	−95	57
クロロホルム（$CHCl_3$）	−64	61
メタノール（CH_3OH）	−98	65
エタノール（CH_3CH_2OH）	−115	78
ベンゼン（C_6H_6）	5.5	80
水（H_2O）	0	100

らは分子結晶で粒子間の引力が極めて弱く，通常の温度や圧力では液体にならない．

B. 液体

体積はほぼ一定であるが，決まった形をもたないのが液体である．これは液体中の粒子間には，固体ほど強い引力がはたらいているわけではないからである．液体の粒子は自由に動き回っていて，互いに位置を変えたり，衝突したり，振動したりしている．液体の粒子の運動も，そのエネルギーもおのおの異なっており，一定ではない．そのなかで運動エネルギーが大きく，大気（表面）近くに存在するものには，互いの引力に逆らって液体の粒子集団から飛び出そうとするものがある（図 2.4）．飛び出したものが気体となり，飛び出す現象を**気化**（蒸発）という．純液体が気化するのに必要なエネルギーは一定で，純液体が気化するのに必要なエネルギーの値を，その液体の**気化熱**（**蒸発熱**，蒸発の**潜熱**）という．水では 2.26 kJ/g（**モル蒸発熱**は 1 気圧で 40.7 kJ/mol）である．

液体の気化速度は温度と表面積（圧力）に依存しており，温度が高くなると分子運動が活発になって，液体表面から飛び出す分子の数も増大する．逆にいうと気化にはエネルギーが必要なので，外部からのエネルギーが十分でないと気化して

図2.4 液体の運動と気化

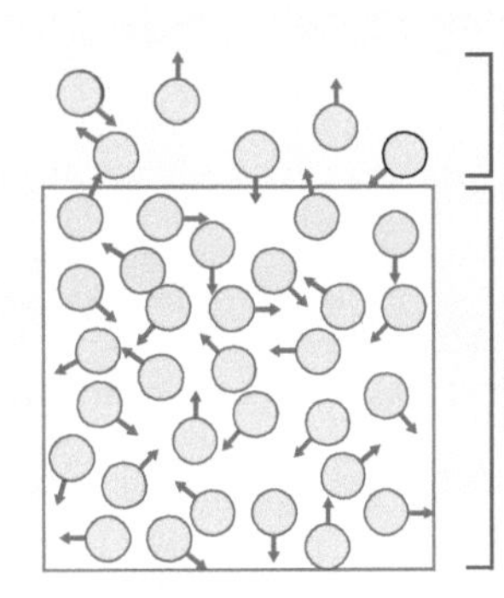
気体状態の分子
(飛び出そうとする分子と引き返す分子がある)
液体状態の分子
(自由に運動している)

いる液体の温度が下がる．夏の打ち水や冷蔵庫，クーラーなどの冷却機構もこの原理に基づいている．たとえば，水を温めていくと，熱エネルギーを得て水蒸気になろうという水分子は，液体表面だけでなく液体内部にも存在するようになる．しかし，エネルギーが十分でない温度では，外気圧(通常，大気圧＋液体自身の圧力)に押しつぶされて外に出ていくことは容易ではない．

さらに温度上げていき，この気化しようという圧力と外気圧とが等しくなると，液体内部で気体となった水蒸気は，押しつぶされることなく，気泡となり，やがて液体表面まで上昇して，そこから外へ逃げていくことができるようになる．これが**沸騰**という現象である．沸騰している水を温めるのをやめると沸騰が止まる．これは水分子が気化するために，外気圧に対抗したり，他の分子との相互作用を断ち切ったりするためにエネルギーが足りなくなるからである．沸騰している液体のある外気圧の下での温度を**沸点**というが(表 2.2 参照)，沸点にある純粋な液体を温め続けても，エネルギーは液体の温度上昇には使われず，気化するためだけに利用されるので，完全に気化するまで温度は一定となる(図 2.3 と p.44 コラム参照)．また，高地など外気圧が低い場所では，気化に必要なエネルギーも少なくてすむので，沸点が低くなり，うまくお米が炊けないといった不具合も生じる．

C. 気体

気体は物質の三態のなかで最も密度が低く，決まった形や一定の体積はもたない．気体の分子同士は距離が離れ過ぎているので分子間の引力がはたらかず，気体分子は容器の中を自由に飛行し，壁がないとどこまでも拡散する．壁にぶつかった気体分子はそこで跳ね返され，飛行する方向を変えるが，この壁に与える作用を私たちは**圧力**として認識している(図 2.5)．気体分子の運動も温度に依存し，温度が上昇すると動きも活発になる．気体分子の平均運動エネルギーは，温度が等しい場合，分子の種類を問わず同じ値になり，分子同士の衝突によるエネルギーの損失も無視できる(**理想気体の定義**)．気体分子は冷やすと運動量が落ち，分子同士が凝縮して最終的には液体となる．

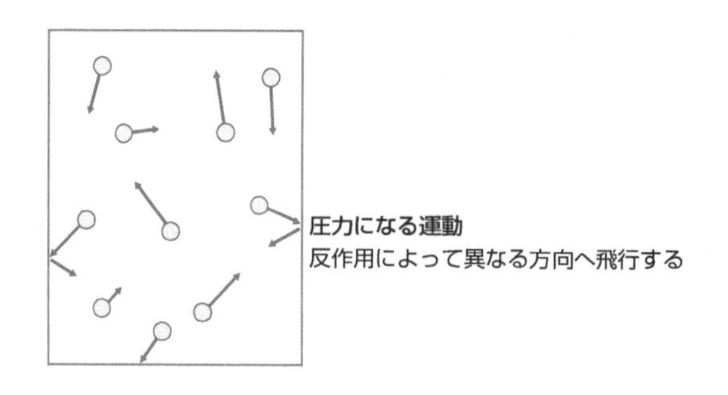
圧力になる運動
反作用によって異なる方向へ飛行する

図2.5 気体の運動(飛行)と圧力

理想気体はさまざまな気体の現象を取り扱う場合に都合のよい概念であるが，分子自体の体積や分子間力(水素結合やファンデルワールス力など)を無視している．したがって，希薄な気体では問題ないが，高圧や高温の場合に矛盾を生じる場合がある．実在の分子は固有の体積をもち，分子間には引力や斥力(せきりょく)(反発し合う力)がはたらくので，これらを考慮した**実在気体の定義**もなされている(後述)．

2.2 物質が液体に溶けるしくみ

A. 溶解と溶液

液体の中に他の物質が溶けて，均一に分散した混合物ができる現象を**溶解**といい，その液体混合物を**溶液**という．このとき溶液中に溶け込んだ物質を**溶質**といい，溶かし込む液体を**溶媒**という．すなわち，水溶液は水を溶媒とした溶液のことである．溶質には，三態，すなわち固体，液体，気体であるすべての物質がなりうる．たとえば，生理食塩水は水(H_2O)に固体の塩化ナトリウム(NaCl)が溶解したものであり，炭酸水(H_2CO_3)は気体の二酸化炭素(CO_2)が溶解してできたものである．この場合，水溶液という混合物では，H_2O と NaCl は化学結合していないので，化合物ではない．Na^+ と Cl^- がばらばらに水の中に浮かんでいる状態である．溶けるという状態は，各分子のまわりで水分子が水素結合により結合している水和の状態である(後述)．

溶液にすれば，濃度も変えることができ，複数の溶質を一度に混合できるので，食品の加工や調理，化学反応で幅広く扱われている．また，ヒトの血液などの体液も，多くの無機化合物，タンパク質などが溶けた状態の溶液であり，生命の維持や体温調節など重要な役割を果たしている．

B. 溶解のしくみ

溶質が溶媒に溶解するしくみを理解するには，溶媒分子の性質を理解する必要がある．一般的には極性の大きい溶質は，水などの極性の大きい溶媒に溶けやすく，極性の小さい溶質は溶けにくくなる．たとえば，水分子は非対称構造（2 本の酸素-水素結合は 104.45°の角度で折れ曲がっている．図 1.22 参照）であり，さらに水素原子は電気的に正に帯電している一方で，酸素原子は負に帯電している．図 2.6 に水分子同士の水素結合の様子を示した．

次に，水に溶解しやすい塩化ナトリウム（NaCl）を考えてみる．電気陰性度が 0.9 のナトリウム（Na）と 3.2 の塩素（Cl）の間の電気陰性度の差が大きいことから，結合に関与する電子対は極端に塩素側に大きく偏っており，塩化ナトリウムは，正に荷電したナトリウムイオン（Na^+）と負に荷電した塩化物イオン（Cl^-）からなる極めて極性の高い結晶であるといえる．このようなイオン結晶を水中に入れたときは，Na^+ は負電荷を帯びた水の酸素原子と，Cl^- は正電荷を帯びた水素原子と相互作用して水素結合を形成し，両イオンともそれぞれ水分子に取り囲まれる．この現象を**水和**といい（図 2.7），イオン結晶は水和分子になって水中に溶解するのである．塩化ナトリウムは水中ではイオン結晶の分子として存在するよりも，**電離**（それぞれのイオンに分離すること．水中で電離する物質を**電解質**という）するほう

図2.6 水分子同士の水素結合
------：水素結合
——：共有結合

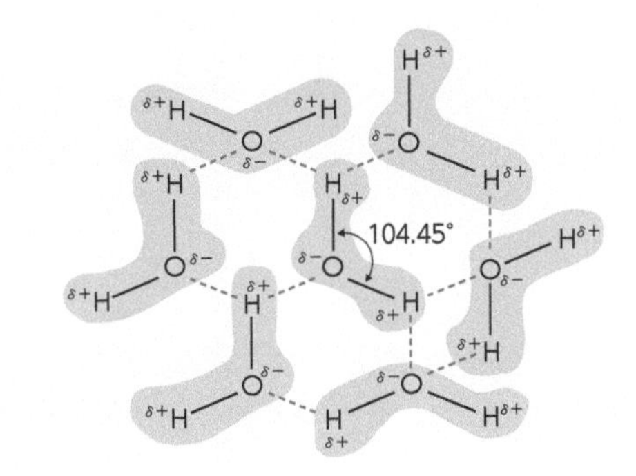

図 2.7 水に NaCl を溶解させたときの Na^+ と Cl^- への水和

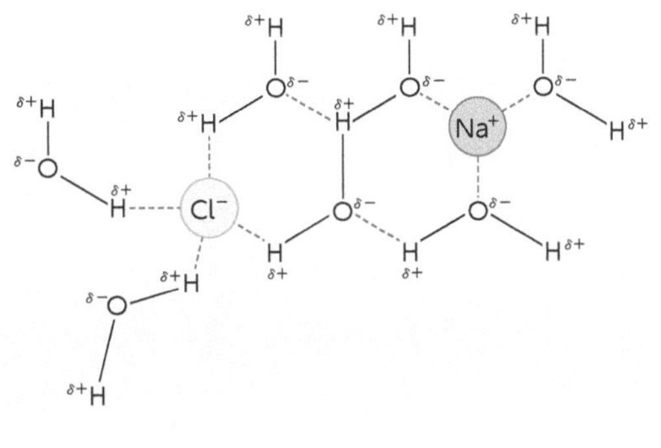

がエネルギー的に安定になる．ヒトの細胞外液の電解質としては，ナトリウム，カリウム，カルシウム，マグネシウムなどがあり，組成は海水とよく似ている．

また，イオンに分かれないエタノール(CH_3CH_2OH)のような分子が水によく溶けるのは，分子中にヒドロキシ基(-OH)をもつからである．このヒドロキシ基は水分子と同様に酸素原子は負電荷，水素原子は正電荷を帯びている極性基であるので，それぞれの酸素原子と水素原子が相互作用(**水素結合**)し，**水和**が生じる．このため，エタノールは水によく溶けるのである．一般的に溶媒が溶質を取り囲んで安定化させる現象を**溶媒和**という．

C. 溶解度と溶解平衡

水のような極性溶媒は極性物質をよく溶解し，ジエチルエーテル(CH_3CH_2O-CH_2CH_3)やヘキサン(C_6H_{14})などの非極性溶媒は，水に溶けにくい脂質などの脂溶性物質をよく溶かす．しかし，一般的には一定量の溶媒に無限に溶ける溶質は存在しない．つまり，必ず**溶解度**という限界によって，溶質は溶けきれなくなり，溶液中に析出するようになる．溶媒への溶解度は，**溶媒 100 g 中に溶解しうる溶質のグラム数**で表され，温度，圧力に依存して変化する(表 2.3)．溶質が溶媒に最大限溶解した状態の溶液を**飽和溶液**というが，これは溶質が溶解する速度と析出する速度が等しい状態であり，この状態を**溶解平衡**という(図 2.8)．固体の溶質の溶解度は，基本的に温度が高くなると上昇するものが多いが，炭酸水の溶

溶質	溶解度(g/100 g)		
	0 ℃	20 ℃	60 ℃
塩化ナトリウム(NaCl)	36	36	37
炭酸水素ナトリウム($NaHCO_3$)*	7	10	16
塩化カリウム(KCl)	28	34	46
硝酸カリウム(KNO_3)	13	32	109.2
塩化水素(HCl)	83	72	56
アンモニア(NH_3)	91	54	—

表2.3 水に対する溶解度の温度依存性
* 炭酸水素ナトリウムは重曹ともいい，調理時にアク抜きや菓子製造用のベーキングパウダーの主要成分として使われる．
[資料：国立天文台編，理科年表 2024，丸善出版(2023)]

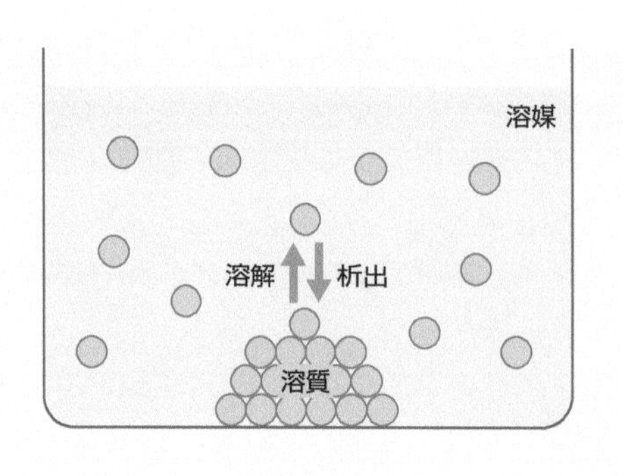

図2.8 溶解平衡
飽和溶液の場合，析出と溶解のスピードは等しい．

質である二酸化炭素(CO_2)など，気体の溶質は，一般に温度が低いほうが溶解度は大きくなる．これは温度の低いほうが溶液中の分子の熱運動が抑えられ，外に飛び出す分子が少なくなるからである．冷えていないビールやソーダが噴きこぼれやすいのは，溶けきれなくなった二酸化炭素が勢いよく泡として噴出するためである．気体の溶解度は，1 気圧(1.013×10^5 Pa)のもとで 1 mL(cm^3)の溶媒に溶解している気体の体積を，0℃，1 気圧の体積に換算した mL(cm^3)数で表され，これを**ブンゼンの吸収係数**という．このような定義を用いるのは，気体は固体のように溶解度の値は一定にはならず，圧力に比例して溶解する気体の質量が増加するからである．この法則を**ヘンリーの法則**という．

2.3 コロイド溶液

A. コロイド粒子とコロイド溶液

牛乳やマヨネーズなどの食品をはじめ，石けん水や血液，あるいは雲や霧などのように，原子や分子が集まって大きくなった微粒子が分散している状態を身の回りで目にすることがある．これらの大きな粒子が分散している系では，食塩水や砂糖水のように，小さなイオンや分子(約 10^{-9} m 以下)として分散している溶液とは異なった性質を示すことがある．粒子の大きさが 10^{-6} m よりも小さくなり，その他の物理的な条件がそろうとランダムな運動が可能となり，溶媒中において均一に分散することが可能となる．

このような分散が可能となった比較的大きい粒子(10^{-9} ～ 10^{-6} m)を**コロイド粒子**といい，これが分散している溶液を**コロイド溶液**という．コロイド粒子の性質としては，電解や水和により，さらに小さな分子へとバラバラにならず，また粒子同士が衝突して大きな分子とならないことがあげられる．また，コロイド粒子は濾紙は通過できるが，イオンや小さな分子を通す**半透膜**(セロハン膜など)は通過できない(図 2.9)．コロイド粒子はその成り立ちから次の 3 種に分類される．

(1)分子コロイド　ほぼすべての原子が共有結合で結ばれてコロイドの大きさを形成している分子．

[例] デンプン，酵素などのタンパク質，ポリビニルアルコールなどの高分子化合物

(2)会合コロイド　分子コロイドよりも小さな粒子であるが，分子の中に親水性の部分と疎水性の部分をバランスよくもっている(界面活性剤など)ため，溶けにくい部分が会合して，コロイドの大きさをもつようになった粒子．ミセルともいう．

[例] 石けん，脂肪酸のナトリウム塩，リン脂質などの界面活性剤

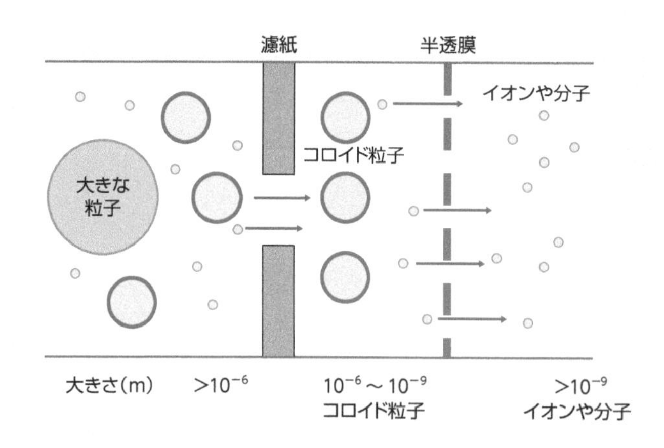

図2.9 コロイド粒子の大きさ

表2.4 コロイドの種類

分散媒	分散質	例
気体	液体	水(霧，雲)，スプレー類
	固体	煙，粉塵
液体	気体	気体の泡沫(整髪用スプレーフォーム，メレンゲ)
	液体	エマルション(牛乳，乳液，マヨネーズ)
	固体	サスペンション(ペンキ，インク，墨汁)
固体	気体	スポンジ，木炭
	液体	寒天，ゼラチン
	固体	色ガラス，オパールなどの宝石

(3)分散コロイド　溶媒には本来溶解しない物質の微粒子．

［例］金属(金，銀など)，非金属(硫黄分子，炭素など)，難溶性塩($Fe(OH)_3$など)

身の回りのコロイドは溶液だけではなく，分散している粒子(分散質)と分散させているもの(分散媒)の種類により，8種類に分類される(表2.4)．

B. コロイド溶液の性質

イオンや小さい分子の溶液では観察されないが，コロイド溶液に特徴的に認められる現象がいくつかあるので，以下にあげる．

a. 透析

先述のようにコロイド粒子は濾紙の穴より小さいので素通りするが，セロハンやコロジオン膜の穴より大きいので，これらの膜は通過できない．一方，イオンや小さな分子はこの膜を通過できるので，コロイド粒子とイオンや分子の混合溶液から純粋なコロイド粒子のみのコロイド溶液をつくることができる．この操作を**透析**という．腎透析患者の血液中の老廃物は，この原理を利用して除去されている．

図2.10　負に荷電したコロイドの電気泳動

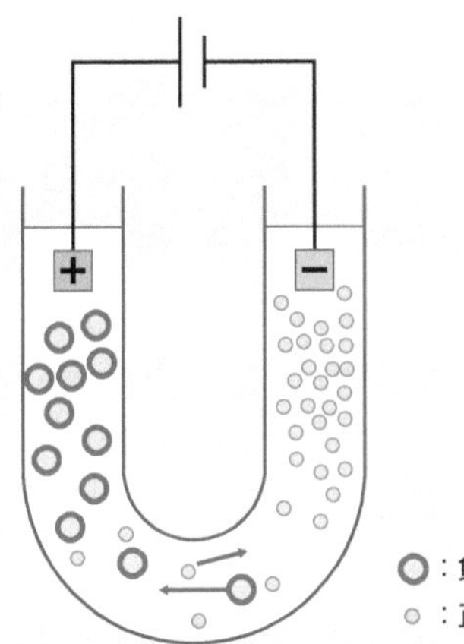

b. チンダル現象

光の波長よりも極めて小さい粒子に光が当たると，同じ波長の光が散乱し，その散乱の強さは粒子の体積に依存して大きくなる．したがって，イオンや小さな分子では光の散乱は観察できないが，コロイド粒子では強く散乱する．コロイド溶液の入ったビーカーに横から光を照射すると，光の通り道が光って見える．この現象を発見者にちなんで**チンダル現象**という．

c. ブラウン運動

コロイド粒子が分散する理由の１つに分散媒である分子との衝突により，コロイド粒子が無秩序に運動することがあげられる．この運動を発見者にちなんで**ブラウン運動**という．

d. 電気泳動

正負のいずれかに帯電しているコロイド粒子は，電圧をかけると表面電荷と逆の符号の電極へ移動する．この現象から，コロイドがどちらに帯電しているかを判断したり，帯電度合いの違いにより移動距離が異なることを利用して分離したりすることが可能となる．この現象を**電気泳動**という（図 2.10）．電気泳動はDNA やタンパク質の分離などに使われる手法である．

e. 析出

分散を可能にしている条件を取り除けば，コロイド粒子は分散できなくなり，析出させることができる．たとえば，**疎水コロイド**は少量の電解質を加えて溶液中のイオン量を増すと析出するが，この現象を**凝析**という．一方，**親水コロイド**は粒子表面にヒドロキシ基（-OH）やカルボキシ基（-COOH），アミノ基（$-NH_2$）を有していることが多く，これらの官能基に水和水が相互作用しているので，各コロイド粒子の会合が起こりにくくなっている．しかし，塩などの電解質を大量に加えると水分子とコロイド粒子間の水素結合が切られ，親水コロイドは析出する．

この現象を**塩析**という．食品などに含まれるタンパク質の精製や濃縮過程で，塩析現象を利用している．

f. 吸着

コロイド粒子の中には，微小な空間があり，単位面積あたりの表面積が非常に大きいものがある．このため，このようなコロイド粒子は他の物質を大量に**吸着**できる．たとえば，乾燥剤などに使われるシリカゲルは，オルトケイ酸（$Si(OH)_4$）が縮合重合*した三次元的な網目構造をとるが，多孔性（表面積は 1 g あたり 500 m^2 にもおよぶ）で表面にヒドロキシ基（-OH）やエーテル基（-O-）があり，水を効率よく吸着する．

* 有機化合物から水，アルコール，アンモニアなどの簡単な分子が分離され，共有結合する反応（縮合）が繰り返されて高分子が生成（重合）されること．

g. 界面活性作用

石けん分子には，油に溶けやすい疎水性部分と水に溶けやすい親水性部分があるため，水と油の界面に集まりやすい性質がある．この**界面活性作用**を用いると，水と油のように極性，非極性の混じり合わない物質の一方を他方に分散させることができる．このときにできる粒子は，他方，たとえば水溶液であれば油を含んでおり，コロイド粒子よりもかなり大きなものとなる（乳濁液，エマルション）が，原理としてはコロイドと同様な分散を示す．粒子が大きく，光の散乱も極めて強くなることから，この溶液は白濁する．この現象を**乳化**といい，マヨネーズや乳液などに利用されている．

2.4 モル濃度と規定濃度

食品や医薬品などは，さまざまな化合物の混合物である．なかには溶液の状態のものも多く存在するが，食品添加物やビタミン，薬はそれぞれ一定量を溶媒に溶かした溶液として用いられる．これらを同じ基準で表すために，ある一定量（基準量）に対し，混合物の中で注目している物質がどれだけの量含まれているかを示す，濃度という定義が定められており，単位は使用目的に応じて使い分けている．化学や食品学実験では，ある決められた濃度の試薬溶液を作製することがあるので，定義をしっかり身につけておく必要がある．現在一般的に用いられている濃度は 3 種類あり，それぞれ特徴があるが，すべて一定量の溶液が基準になる．

A. 質量パーセント濃度

溶液 100 g に溶けている溶質の量（g）をパーセントで表したものである．日常で最もなじみのある表現で，食塩水（3%）やビールのエタノール濃度（5%）という使い方がされている．**質量パーセント濃度**を式で表すと以下のようになる．

$$質量パーセント濃度(\%) = \frac{溶質の質量(g)}{溶液の質量(g)} \times 100$$

$$= \frac{溶質の質量(g)}{溶質の質量(g) + 溶媒の質量(g)} \times 100$$

したがって，A%の食塩水を B g つくる場合に(水 1 mL は 1 g とする)，必要な食塩の重さは，

$$食塩の質量(g) = B \times \frac{A}{100}$$

水の量は，

$$水の量(mL) = B - B \times \frac{A}{100}$$

となる．厳密には，溶媒の密度を使って，必要な液量を計算する．

[例] 3%の食塩水 100 g をつくりたい場合．

必要な食塩の質量は，$100 \times \frac{3}{100} = 3(g)$

水は，　$100 - 3 = 97(g, mL)$

答え：食塩 3 g を水 97 mL に溶かせばよい．

混同してはいけないのは，溶解度が溶媒の重さを基準にしているのに対して，質量パーセント濃度は溶液全体の重さを基準にしているので，溶液を作製する際に最初に準備する溶媒の質量には気をつける必要がある．上記のように，3%の食塩水 100 g を作成する場合，食塩を水で溶解した合計の重さが 100 g でなければならない．また，結晶水(結晶中の水)を含む試薬を溶質にして水溶液をつくる場合も，あらかじめ結晶水の質量も溶媒の質量として考慮に入れておく必要がある．

類似のものに，**質量／体積パーセント濃度**，**体積パーセント濃度**がある．前者は溶液 100 mL 中に溶解している溶質の質量(g)をパーセント表示したもの，後者は溶液 100 mL に溶けている液体の溶質の容量(mL)をパーセント表示したものである．

$$質量／体積パーセント濃度(\%) = \frac{溶質の質量(g)}{溶液の容量(mL)} \times 100$$

$$体積パーセント濃度(\%) = \frac{溶質の容量(mL)}{溶液の容量(mL)} \times 100$$

$$= \frac{溶質の容量(mL)}{溶質の容量(mL) + 溶媒の容量(mL)} \times 100$$

B.　モル濃度

モル濃度とは，溶液 1 L(dm³)に溶けている溶質の量をモル数で表した濃度であり，化学実験において，最も汎用する単位である．化学では物質量を量る共通の単位としてモル(mol)を用いることから，溶質の濃度もモル濃度で表す必要がある．また，同じ体積で同じモル数の溶質を溶かした溶液でも，溶媒が異なれば，それぞれの密度が異なることから，溶液全体の重さで濃度を求めると濃度が違ってくるので不便である．そこで，同じ体積の溶液で濃度計算の分母を変えないようにして，溶けている溶質の質量と濃度が同じになるように工夫されたのが，モル濃度という表現法である．たとえば，エタノール(CH_3CH_2OH，分子量=46)46 g(1 モル)を水と混合し，1 L にした水溶液は 1 mol/L(または 1 M(モーラー)と書くこともある)の濃度である．

$$\text{モル濃度(mol/L)} = \frac{\text{溶質のモル数(mol)}}{\text{溶液の体積(L)}} = \frac{\text{溶質の質量(g)／溶質の分子量}}{\text{溶液の体積(L)}}$$

ある試薬(分子量 M)の A mol/L 溶液を B mL つくる場合に，必要な試薬の重さは，

$$\text{試薬の質量(g)} = A \times \frac{B}{1000} \times M$$

となる．

［例］ 1 mol/L のブドウ糖(グルコース，$C_6H_{12}O_6$)水溶液を 500 mL 調製する場合．
　必要なブドウ糖の量は，分子量が 180 なので，

$$\text{ブドウ糖の質量(g)} = 1 \times \frac{500}{1000} \times 180 = 90$$

　答え：90 g のブドウ糖を水に溶かし，メスフラスコなどで溶液の全体量を 500 mL に調整する．

加工食品中に含まれる食品添加物やその他の化学工業で用いられる単位として，**質量モル濃度**(重量モル濃度)が使われる場合もある．使用する溶液が特定のものである場合，その体積を計るより，質量を計測するほうが，工場などでは容易であるので，液体であっても質量が重要視される．質量モル濃度は通常のモル濃度とは異なり，溶液全体ではなく，溶媒 1 kg に溶けている溶質の量をモル数で表したものである．

$$\text{質量モル濃度(mol/kg)} = \frac{\text{溶質のモル数(mol)}}{\text{溶媒の質量(kg)}}$$

C. 規定濃度

規定濃度(または規定度)とは，溶液 1 L 中に溶けている溶質の量をグラム当量数(**グラム当量**：元素の原子価 1 に相当する式量をその元素の 1 当量といい，その式量にグラムをつけた量を 1 グラム当量という．例：水素は 1 価なので 1 g，酸素は 2 価なので 8 g が 1 グラム当量)で表したものである．化学実験においては，必要な試薬として酸や塩基の溶液を用いることが多いので，これらの反応を考えるうえで規定濃度は重要な役割を果たしている．酸や塩基の場合，水素イオン(H^+)，水酸化物イオン(OH^-)を 1 モル放出できる酸または塩基の量(mol, g)を，1 グラム当量という．たとえば，塩酸(HCl) 1 モル(36.5 g)は 1 モルの H^+ を解離(1 価の酸)できるので，塩酸 1 モル(36.5 g)が 1 グラム当量であるが，硫酸(H_2SO_4) 1 モル(98.0 g)は 2 モルの H^+ を解離(2 価の酸)できるので，硫酸 1 グラム当量は 0.5 モル(49.0 g)である．したがって，硫酸 1 モルが溶解した水溶液は，2 グラム当量が 1 L に溶けているので，2 規定(2 N)の濃度であるといえる．

$$\text{酸・塩基の 1 グラム当量} = \frac{\text{1 モル}}{\text{価数}} = \frac{\text{式量(g)}}{\text{価数}}$$

$$\text{規定濃度(N)} = \frac{\text{酸・塩基のグラム当量数}}{\text{水溶液の体積(L)}}$$

規定濃度とモル濃度の関係は以下の式で表現される．n 価の酸や塩基のモル濃度が 1 mol/L であれば，n 規定(N)の濃度であり，モル濃度に価数を掛け算したものが，規定濃度に等しくなる．

$$\text{規定濃度(N)} = \text{酸・塩基のモル濃度(mol/L)} \times \text{価数}$$

代表的な塩酸，硫酸の購入試薬について，モル濃度および必要な規定液の作製を以下に例示する．

①市販濃塩酸(密度 1.18，35%)より 1 N 塩酸のつくり方

塩酸(HCl)の式量は 1.00 ＋ 35.45 ＝ 36.45 である．

1 N 塩酸に溶解している塩化水素(HCl)は，1 L 中に 36.45 g が溶解している．36.45 g の塩化水素を含む濃塩酸 X mL を求める．

36.45 g ＝(1.18 g/mL × X mL)× 0.35 mL より，X ＝ 88.3 mL が得られる．

88.3 mL の濃塩酸を 1 L のメスフラスコにて 1 L の水溶液に調整すれば，1 N の塩酸が得られる．

②市販濃硫酸(密度 1.84，98%)より 1 N 硫酸のつくり方

硫酸(H_2SO_4)の式量は 1.00 × 2 ＋ 32.07 ＋ 16.00 × 4 ＝ 98.07 である．

1 N 硫酸においては 1 L 中に 49.035 g の硫酸が溶解している．したがって，49.035 g 溶解している X mL を求める．

$49.035 = (1.84\ \mathrm{g/mL} \times X) \times 0.98\ \mathrm{mL}$ より，$X = 27.2\ \mathrm{mL}$ が得られる．
27.2 mL を 1 L のメスフラスコにて 1 L の水溶液に調整すれば，1 N の硫酸が得られる．

2.5 気体の体積と圧力

A. 気体の状態方程式

圧力は単位体積あたりの分子の平均運動量(質量と速度に比例する)と定義されるので，一定質量の気体の体積は，圧力や温度によって変化するといえる．ボイルは，「温度が一定であれば，一定質量の気体の体積は，加えた圧力に反比例して変化する(**ボイルの法則**)」ことを発見した．また，シャルルは，「圧力が一定であれば，一定質量の気体の体積は，絶対温度に正比例する(**シャルルの法則**)」ことを発見した．ボイルの法則とシャルルの法則から，気体の体積と圧力・温度の間には，「一定質量の気体の体積(V)は圧力(P)に反比例し，絶対温度(T)に正比例する(**ボイル - シャルルの法則**)」という関係が導き出された．これを式で表すと，

$$\frac{PV}{T} = k \quad (k\text{は定数であり，一定})$$

となり，両辺に T をかけて，

$$PV = kT$$

となる．

$1.013 \times 10^5\ \mathrm{Pa}$(1 気圧，0℃ = 273 K)では，1 mol の気体はすべて 22.4 L であるから，この値を上の式に代入すると，

$$1.013 \times 10^5\ \mathrm{Pa} \times 22.4\ \mathrm{L/mol} = k \times 273\ \mathrm{K}$$
$$\therefore k = 8.31 \times 10^3\ \mathrm{Pa \cdot L/(mol \cdot K)}$$

となり，1 mol の気体における，圧力，体積，温度の関係を知ることができる．この場合の k の値は気体定数 R を表しており，さらに気体の体積は圧力，温度が一定であるとモル数 n に比例するので，n mol の気体については次式が成り立つ．

$$PV = nRT$$

この式を**理想気体の状態方程式**という．

また，分子量 M の気体が w g あれば，その気体のモル数 n との間に，

$$n = \frac{w}{M}$$

の関係が成り立つので，これを気体の状態方程式に代入すると，

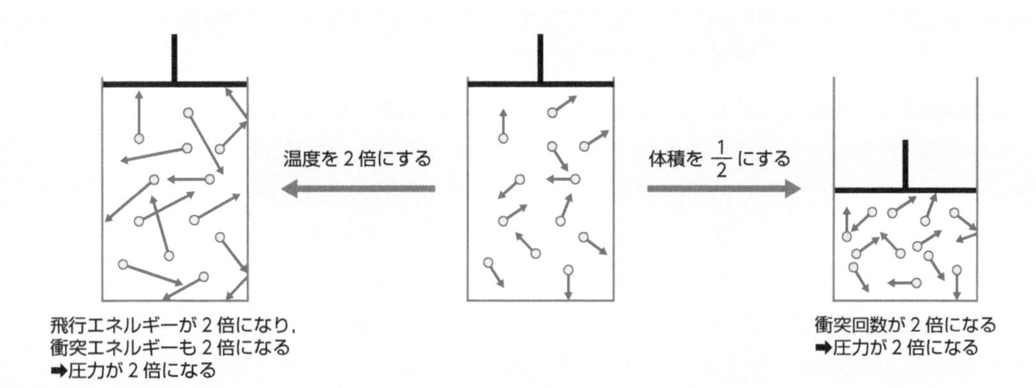
温度を 2 倍にする
体積を 1/2 にする
飛行エネルギーが 2 倍になり，
衝突エネルギーも 2 倍になる
➡圧力が 2 倍になる
衝突回数が 2 倍になる
➡圧力が 2 倍になる

図2.11　容積と温度変化による圧力の変化

$$PV = \frac{w}{M} RT$$

となる．

すなわち，気体の分子量(M)がわかれば，圧力(P)，体積(V)，温度(T)を測定することで，その気体の質量(w)を計算することも可能である．

このボイル - シャルルの法則は，図 2.11 のような模式図でも容易に理解できる．ある容器に気体分子が入れられているとする．この容器の体積を半分にすると容器内の分子の密度は 2 倍になり，壁に衝突する分子の数(圧力に相当)が 2 倍になる．一方，温度を上昇させると，分子の飛行速度も上昇するので，温度が 2 倍になったとき，2 倍のエネルギーをもった分子が壁に衝突するようになり，圧力が 2 倍になると解釈できる．

もし気体が混合物だったら，理想気体では互いの粒子が相互作用しないと仮定しているので，各分子が示す圧力は，それぞれが独立して壁に衝突する回数で決まる．つまり，それぞれの分子のモル比に比例してそれぞれの圧力(分圧)が決まる．全圧力は各分圧の総和として求めることができる(**ドルトンの法則**)．

一方，ファン・デル・ワールスは，分子の体積や分子間相互作用を考慮に入れて，理想気体の状態方程式を修正し，**実在気体の状態方程式**を提唱した．

$$\left(P + \frac{n^2 a}{V^2}\right)\left(V - nb\right) = nRT$$

ここで，a，bは物質固有の定数で，ファンデルワールス定数という．aは分子間力の強さで，bは気体分子の体積に関係する数値である．上の式では，実在気体の圧力は分子同士の衝突により，理想状態よりも少ないことと，実在気体が占める体積は理想状態から気体分子自体の体積を除いたものに等しいことを加味したものとなっている．

したがって，気体の濃度が極めて低い場合，具体的には圧力が低い状況では，気体の全体積に比べて気体分子の体積が極めて小さく無視できるだけでなく，分

絶対零度と超臨界状態

固体の温度をどんどん下げていくと，熱運動はどんどん緩やかになり，遂には分子の動きがなくなってしまうのであろうか．このような温度は理論上ありうるとされ，その温度を絶対温度で 0 として，K(ケルビン)という単位を用いて定義している．摂氏温度(℃)で示すと，−273.15℃である．しかし，実在する物質の粒子に熱運動がなくなることは現実的にはない．熱運動がなくなることは圧力や体積がなくなることを意味するからである．すなわち，圧力や体積を維持するための熱運動として最低限のものが残るのである．これは物理学における不確定性原理という法則から支持される事実で，物質の温度は絶対零度に限りなく近づくが，絶対零度になることはない．

前に述べたように，沸騰という現象は水の蒸気圧と大気圧が等しくなった状態であるが，物質の温度と圧力の両方を上げていくとあるところで，沸騰という現象が突然なくなる．この温度を臨界温度，臨界圧といい，両者を含めて臨界点という．水では 374℃，2.21×10^7 Pa(パスカル)である．これ以上の温度では，水はもはや液体でも気体でもない状態になり，密度や粘度，拡散する様子は気体と液体の中間の値を示す．この状態を超臨界状態という．超臨界状態は，圧力変化により，密度，物質の溶解度，熱伝導度，溶媒和による化学反応速度を大きく変化させることができるので，水のほか，二酸化炭素の超臨界状態がさまざまな化学工業に用いられている．

ちなみに，圧力の単位は下式の関係にある．

1 気圧＝ 1 atm ＝ 760 mmHg(水銀柱ミリメートル．ミリメートルエイチジー)
＝ 760 Torr(トル)＝ 101,325 Pa(パスカル)

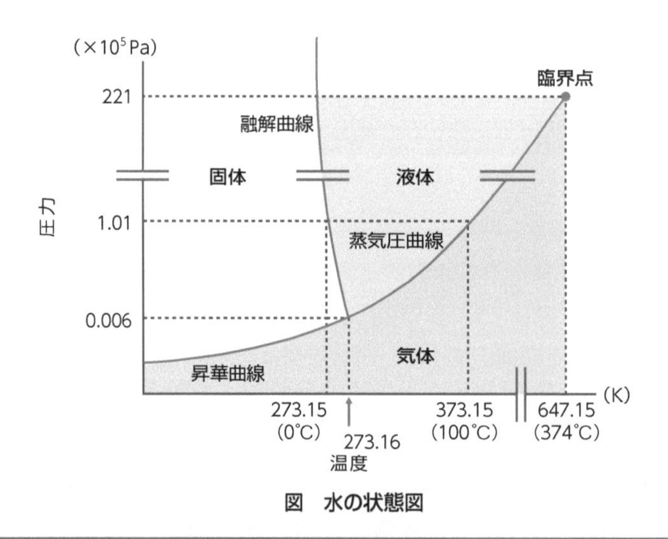

図　水の状態図

子間の距離も大きいことから，気体は理想状態に近くなる．一方，低温にしすぎると凝縮が起こるなど，分子間力の影響が出てくるので，比較的高温のほうが体積や圧力に対する分子間力の影響を小さくすることができる．そこで，一般的には高温低圧にすることで実在気体を理想気体に近づけることができる．

B. 蒸気圧

ある少量の液体を，体積一定の容器(密閉した容器)に入れて置いておくと一部は必ず蒸発し，気体と液体の間で気化と凝縮の平衡状態となる．この状態のときの圧力を**蒸気圧**という．蒸気圧に依存して起こる現象がいくつかあるので，以下にあげる．

a. 沸点上昇

沸騰という現象は前述のように，液体分子が熱エネルギーを与えられることにより，分子の運動が激しくなり，まわりの分子との相互作用や外気圧に打ち勝って，気化することである．もし，水(液体)に食塩(溶質)が溶解して食塩水(溶液)になると，溶解した食塩は水分子と強く相互作用するので，食塩水における水は純水に比べると蒸発しようとする力(蒸気圧)が小さくなる．この現象を**蒸気圧降下**といい，蒸気圧の低下率は溶質のモル分率*に比例する(**ラウールの法則**)．

* ある成分のモル数を全成分のモル数で割った値．

このように食塩水(溶液)は純水(純溶媒)より蒸発しにくくなるので，沸騰させるためには，さらに熱エネルギーを与えて気化する分子の数を増やさなければならない．その結果，溶液の沸点は純溶媒よりも高くなり，この現象を**沸点上昇**という．この沸点上昇も溶質のモル分率に比例し，溶質の種類に影響されないことから，溶質の分子量を測定するために利用される．

b. 凝固点降下

液体の温度を下げていくと運動エネルギーが低下して，やがては液体と固体の平衡状態(蒸気圧が等しい)に達する．このときの温度を凝固点という．この点においても，沸騰と同様，水溶液では純水に比べてより冷やさないと氷にならない．この現象を**凝固点降下**という．凝固点降下の度合いも溶質のモル分率に比例する．

c. 毛管現象

液体の表面は水平ではなく，表面張力により湾曲している(メニスカスという)．たとえば，コップや管の中の水は凹型になっている．この場合，表面積が水平の表面よりも大きくなることで，蒸気圧が減少する．これは，内側の水分子の引力は表面にある水分子が蒸発しようとするのを妨げるが，凹型ではこの影響を受ける表面の分子が増える．たとえば，ジュースの入ったコップにストローをさすと，ストロー内の水面がコップの水面よりも上に上がるのは，上記の理由でストロー内の蒸気圧がコップよりも減少している，すなわちコップの水面を押す力のほうが強いので，その圧力を受けたジュースがストロー内を上ろうとするのである

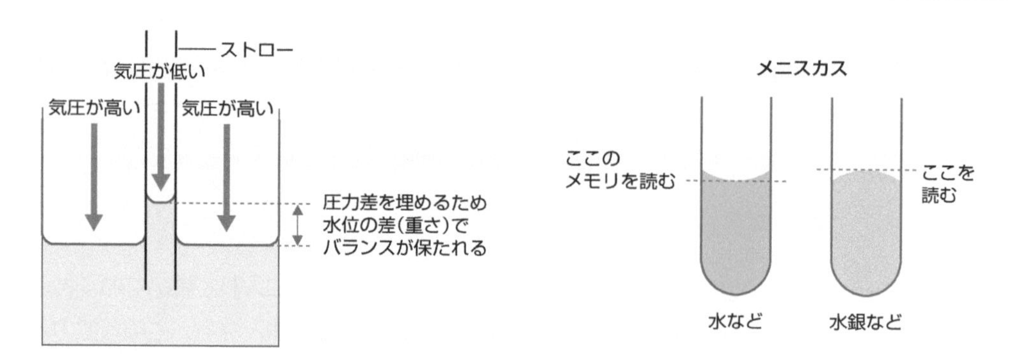

図2.12 毛管現象
メニスカスとは「三日月」の意味で，液体の表面の湾曲をいう．実験では，凹型では底面を，凸型では頂部を読み計量する．

(図 2.12)．

d. 潮解と風解

水酸化ナトリウム(NaOH)や塩化カルシウム($CaCl_2$)などの塩類は，空気中の湿気を取り込んで結晶の状態を変化させる．この現象を**潮解**といい，蒸気圧降下がもたらす現象である．これらの塩は非常に溶解度が高いため，少しの水分を含むと飽和した水溶液を部分的につくる．先述のように，濃度が高い溶液のほうが水の蒸気圧が低いので，まわりの大気の水の蒸気圧が高い(湿度が高い)場合には，より水分を吸収して薄い溶液(希薄溶液)になり，蒸気圧を高めてバランスをとろうとする．一方，炭酸ナトリウム(Na_2CO_3)や硫酸ナトリウム(Na_2SO_4)の飽和水溶液をつくり，温度を変化させて析出させると，それぞれの水和物の結晶が得られる．これらを空気中に置いておくと結晶中に含まれる水(結晶水)が放出され，結晶の構造が崩れ，最終的には粉々に砕けてしまう．この現象を**風解**という．これは，飽和水溶液の水蒸気圧がまわりの大気の蒸気圧よりも高い場合に起こる現象である．

(　　)に入る適切な語句を答えなさい．

1) 水は，(　　)の氷，(　　)の水，(　　)の水蒸気という状態で存在するが，このように物質が3つの状態で存在することを，物質の(　　)という．
2) 固体から液体へ変化することを融解といい，このときの温度が(　　)である．また，融点において固体を完全に液体に変えるのに必要な熱量を(　　)といい，物質固有の値である．固体が液体を経ずに直接気体に変化する過程，あるいはその逆の過程を(　　)という．
3) 体積が一定で決まった形をもたないのが液体であるが，互いの引力に逆らって液体から粒子が飛び出す現象を(　　)という．一方，気体は物質の三態のなかで最も密度が(　　)，決まった形や一定の体積はもたない．

4) 液体の中に他の物質が溶けて，均一に分散した混合物ができる現象を(　　)といい，その液体混合物を溶液という．このとき溶液中に溶け込んだ物質を(　　)といい，溶かし込む液体を(　　)という．

5) 溶媒に溶ける溶質の量には(　　)という限界があり，溶質が溶媒に最大限溶解した状態の溶液を(　　)溶液という．

6) 牛乳やマヨネーズなどの食品をはじめ，石鹸水や血液，あるいは雲や霧などのように，原子や分子が集まって大きくなった微粒子が分散している状態を(　　)という．

7) モル濃度とは，溶液１Ｌに溶けている溶質の量を(　　)数で表した濃度であり，化学実験系において，最も汎用する単位である．

8) 圧力は単位体積あたりの分子の平均運動量と定義されるので，気体の体積と圧力・温度の間には，一定質量の気体の体積は圧力に(　　)し，絶対温度に(　　)するという関係が成り立つ．

3. 物質の変化：化学反応

スヴァンテ・アレニウス（1859 ～ 1927）
スウェーデンの科学者，物理化学の創始者で，酸と塩基に関するアレニウスの定義を提唱した

3.1 化学反応

化合物の変化には，前章で述べたような固体，液体，気体と「状態」が変わる場合と，まったく別のものに変化する場合，いわゆる化学反応とがある．食品における変化は調理だけでなく，劣化や腐敗の過程でも起こるが，食品の加工においては，化学反応を利用する場合もある．生体内では多くの化学変化は酵素を触媒として起きている．ここでは，これらの化学反応を理解するために必要な基礎知識を整理して学ぶ．

A. 化学反応式

化学式（分子式，イオン式，組成式，示性式）を用いて，実際の化学反応を表した式を**化学反応式**という．化学反応式は，左辺に反応する物質（反応物）を，右辺には化学反応により生成する物質（生成物）を書き，両辺を矢印（→）で結ぶ．たとえば，水素（H_2）に酸素（O_2）を混合し，放電や着火すると水（H_2O）が生じるが，この反応は以下のように書ける．

$$H_2 + O_2 \longrightarrow H_2O$$

しかし，化学反応では原子がなくなるわけではなく，原子同士の組合わせ（結合）が変わるだけであるので，反応前と反応後ではすべての原子の数が同じでなければならない（**質量保存の法則**）．しかし，上の式では酸素の数が左辺と右辺で等しくない．酸素は原子１個で存在することはなく，必ず酸素分子（O_2）として存在することから，数合わせをすると，１分子の酸素からは２分子の水ができ，逆に２分子の水をつくるためには，４つの水素原子，すなわち２つの水素分子が必要となる．すなわち，すべての元素について，左辺と右辺の原子数を同じにするように分子の前の係数を決めて，化学反応式を訂正すると，

$$2H_2 + O_2 \longrightarrow 2H_2O$$

となる．化学反応式をつくるうえでの注意点としては，溶媒や触媒は反応式には加えないことがあげられる．

B. 化学反応と熱の出入り

a. 化学エネルギーと反応エンタルピー

先に，化学反応とは原子同士の結合のパターンが変わるだけで，反応の前後で原子の種類や数(質量)は変わらないと述べた．ある物質(反応物)が化学反応を起こして新しい生成物が生まれるとき，外にエネルギーを熱として放出するか，あるいは熱を吸収するか，どちらかの現象が起こる(エネルギーについては，第 4 章において詳しく説明するが，便宜上，ここでは化学エネルギーについて触れる)．

すべての物質は，それぞれ独自の化学エネルギーをもっており，同じ原子をもつ物質でも結合の強さや数によって化学エネルギーの大きさが異なる．したがって，化学反応が起こって，反応物が生成物に変化すると，反応物がもつ化学エネルギーと生成物がもつ化学エネルギーとの差として，熱の出入りが観察される．例えば，水素と酸素が反応して水ができる反応(水素の燃焼反応)では熱が放出されるが，このような反応を**発熱反応**という．一方，熱した黒鉛(炭素)に水蒸気(水)を反応させると，一酸化炭素と水素が発生するが，反応中に熱が吸収されるため，このような反応を**吸熱反応**という．

物質の化学エネルギーは温度や圧力によっても変化する．そこで，各々の物質がもつ化学エネルギーをエンタルピー(別名：熱含量，記号：H，単位：J，基本的には標準状態(大気圧下，25℃)での値)という量であらわせば，化学反応によって放出されたり，吸収されたりする熱量は生成物と反応物のエンタルピーの差(変化量：ΔH)で表すことができる．このエンタルピーの変化量は**反応エンタルピー**という．

ここで，水素(H_2)と酸素(O_2)から液体の水(H_2O)ができる発熱反応の反応エンタルピーを考えてみたい(図 3.1)．この化学反応式は先述のように

$$2H_2 + O_2 \longrightarrow 2H_2O$$

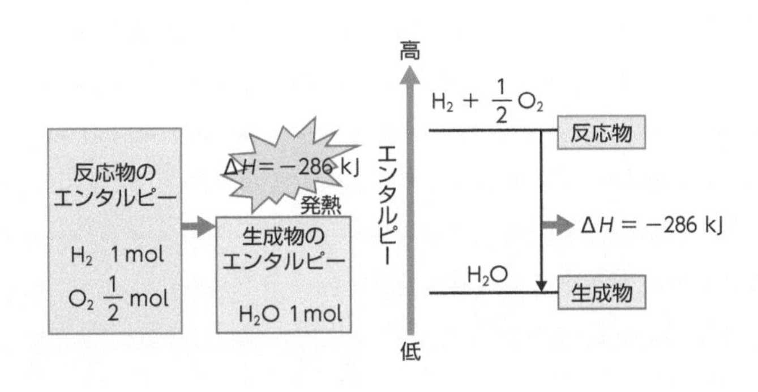

図3.1 発熱反応とエンタルピー

である．この反応物の 2 mol の H_2 と 1 mol の O_2 のエンタルピーの和のほうが，生成物の 2mol の H_2O のエンタルピーよりも 572 kJ 大きい．そのエネルギー的な差が熱として放出されるので，発熱反応となる．この反応では反応物全体のエンタルピーのよりも，生成物全体のエンタルピーのほうが小さい値になるため，この反応の反応エンタルピーは負の値になる．この反応の反応物である水素 1 mol あたりの反応エンタルピーを式であらわすと，

$$H_2(気) + \frac{1}{2} O_2(気) \longrightarrow H_2O(液) \quad \Delta H = -286 \text{ kJ/mol}$$

となる．ちなみに，反応エンタルピーを書く際には，後述する理由から，物質の状態(三態や単体の種類)を指定しなければならない．

同様に，黒鉛(C)と水蒸気(H_2O)から，一酸化炭素(CO)と水素(H_2)が発生する吸熱反応で，反応エンタルピーを考える．化学反応式は，

$$C + H_2O \longrightarrow CO + H_2$$

である．こちらでは逆に，反応物である 1 mol の C と 1 mol の H_2O のエンタルピーの和よりも，生成物の 1 mol の CO と 1 mol の H_2 のエンタルピーのほうが 131 kJ 大きいため，この反応の反応エンタルピーは正の値になる．したがって，この反応の反応物である炭素 1 mol あたりの反応エンタルピーは，

$$C(黒鉛) + H_2O(気) \longrightarrow CO(気) + H_2(気) \quad \Delta H = 131 \text{ kJ/mol}$$

と表される．

b. 状態変化やさまざまな反応におけるエンタルピー変化

同じ物質であっても，状態(三態)が変化すると，その物質のもつ化学エネルギー，つまりエンタルピーも変化する．そのため，反応エンタルピーを書く際に，物質の状態を指定しなければならない．そのエンタルピー変化の例を以下に示す．

例えば，大気圧下(1.013×10^5 Pa)，0 ℃で，1 mol の氷が水に融解する時に吸収する熱量(**融解エンタルピー**)は 6.0 kJ/mol，25 ℃で 1 mol の水が蒸発する時に吸収する熱量(**蒸発エンタルピー**)は 44 kJ/mol，0 ℃で 1 mol の氷が水蒸気に昇華する時に吸収する熱量(**昇華エンタルピー**)は 51 kJ/mol である．

それぞれのエンタルピー変化を状態変化式とともにあらわすと，

融解エンタルピー：$H_2O(固) \longrightarrow H_2O(液) \quad \Delta H = 6.0 \text{ kJ/mol}$

蒸発エンタルピー：$H_2O(液) \longrightarrow H_2O(気) \quad \Delta H = 44 \text{ kJ/mol}$

昇華エンタルピー：$H_2O(固) \longrightarrow H_2O(気) \quad \Delta H = 51 \text{ kJ/mol}$

となる．また，融解エンタルピーの右辺と左辺を逆にし，エンタルピー変化の符号を負に変えれば，**凝固エンタルピー**を表すこともできる．

凝固エンタルピー：$H_2O(液) \longrightarrow H_2O(固) \quad \Delta H = -6.0 \text{ kJ/mol}$

その一方で，反応エンタルピーは反応の種類によってちがう名称で呼ばれる場

図3.2 反応エンタルピーとヘスの法則

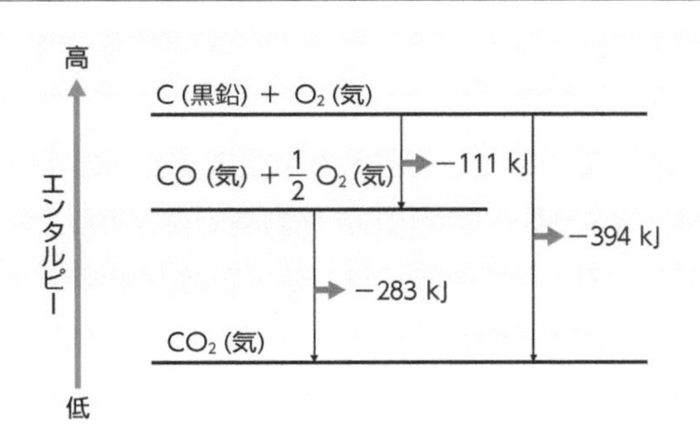

合がある.

例えば，1 mol の水素の完全燃焼(酸素付加)によって水ができる反応から放出される熱量は**燃焼エンタルピー**ともいう．同様に 1 mol の溶質が溶媒に溶解したときに放出や吸収される熱量を**溶解エンタルピー**，酸と塩基が中和して，1 mol の水が生成したときに放出される熱量を**中和エンタルピー**という.

また，1 mol の物質が，構成する元素の安定な単体から生成するときに放出や吸収される熱量を**生成エンタルピー**という．ただし，安定な単体の生成エンタルピーは 0 kJ/mol と定義されている．例えば，メタン CH_4 の生成エンタルピーは以下のように表される.

$$\mathrm{C(黒鉛)} + 2\,\mathrm{H_2(気)} \longrightarrow \mathrm{CH_4(気)} \quad \Delta H = -74.9\ \mathrm{kJ/mol}$$

反応エンタルピーや生成エンタルピーを表す式は，代数方程式のように移項等の扱いが可能であり，既知の式から未知の反応エンタルピーを求めることができる．これは，「化学反応の前(反応系)と後(生成系)での熱量の差は，その途中の反応経路に関わらず一定である」というヘス(Hess)の法則が成り立つからである(詳細は 4.2 節を参照).

たとえば，黒鉛が燃焼して二酸化炭素になる燃焼エンタルピー（−394 kJ/mol）と一酸化炭素が完全燃焼して生成する燃焼エンタルピー（−283 kJ/mol)から，黒鉛が不完全燃焼して一酸化炭素を生成する際の反応エンタルピー（−111 kJ/mol）を引き算により求めることができる(図 3.2).

C. 化学平衡と反応速度

化学反応は，反応物が出合わないと(衝突しないと)始まらないので，反応物の濃度や表面積，温度，触媒に影響を受ける．つまり，一定体積あたりの粒子量が増えると濃度が高くなり，衝突する確率が上昇する．反応物が固体である場合は，その粒子の大きさが小さくなるほど，衝突しうる表面積が大きくなり，反応が進む．温度を上げると粒子自体の運動エネルギーが増加し，粒子同士の衝突する確率が増す．このように化学反応はまわりの環境の影響を受けて変化するが，このことを反応速度から理解したい．ここで，化合物 A と B が反応して，C と D が生成する反応を考えてみたい．

$$A + B \longrightarrow C + D$$

A と B を混ぜるだけで，C と D が速やかに生成するものと仮定すると，このときの反応速度は，単位時間内に変化した物質量で表せるが，前述のように反応物の濃度に比例するので，反応速度 v_1 は，速度定数 k_1 を用いて，次のように定義することができる（[ ]は濃度を示す）．

$$v_1 = k_1[A][B]$$

先ほど化学反応は濃度に依存するといったが，反応が始まるときには，A も B も十分量存在するので反応は上の矢印のように左から右に移動するが，A や B が減ってくると見かけ上，C と D の増加も鈍ってきて，最終的には A と B も，C と D も増減しない，反応が止まったような状態を観察することができる．この状態を**化学平衡**というが，実際は，反応が止まっているわけではなく，

$$A + B \rightleftharpoons C + D$$

のように，右向きの反応と左向きの反応が起こっており，その速度が等しい状態である（図 3.3，動的平衡状態）．このように左右どちらにでも進むことのできる反応を**可逆反応**という．では，逆の左向きの反応速度 v_{-1} はどのように定義できるであろうか．やはり，反応物の濃度に依存するので，速度定数を k_{-1} とすると，同様に，

$$v_{-1} = k_{-1}[C][D]$$

と表せる．平衡が成り立っているとき，反応速度は等しいことから，$v_1 = v_{-1}$ であるので，

$$k_1[A][B] = k_{-1}[C][D]$$

という式が成り立つ．定数のみを左辺に移動し，これを平衡に関する定数 K とすると，

$$K = \frac{k_1}{k_{-1}} = \frac{[C][D]}{[A][B]}$$

という関係式が成り立つ．この式は，もし平衡状態であるこの反応中に A を加

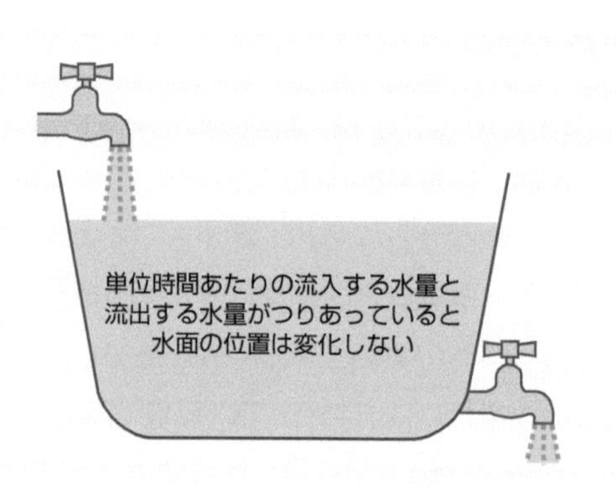

単位時間あたりの流入する水量と
流出する水量がつりあっていると
水面の位置は変化しない

図3.3 動的平衡
中身は変わっているが，見た目は変わらない．

えて，A の濃度を高くすると，平衡定数を一定に保つためには，A を消費して C と D の濃度を高めるしかない．このように平衡である反応において，平衡を壊すような変化があったとき，その変化を打ち消すように平衡(バランスを保つ点)は移動する．これを**平衡移動の法則**，または**ル・シャトリエの法則**という．

平衡状態において，反応物(A と B)か，生成物(C と D)か，いずれが多く存在するかは，それぞれのもつエネルギーの差によって決まり，より安定なほうが多く存在することになる．このエネルギー差(ΔG)と平衡定数 K には，以下のような関係式が成り立つ．

$$\Delta G = -RT \ln K$$

このΔG を反応の自由エネルギーという．この反応の自由エネルギーは，

$$\Delta G = \Delta H - T\Delta S$$

という式でも表され，物質のもつ化学エネルギー（H：エンタルピー)だけでなく，存在の自由度(S：エントロピー，p.75 コラム参照)，言い換えれば，化学反応を起こすための衝突の確率による支配を受けている．このように，化学平衡という概念は，この項の最初に述べた「化学反応は反応物の濃度や温度に影響をうける」ことを説明するために重要な考え方である．

D. 遷移状態

では，反応速度の速さ(速度定数の大きさ)はどのように決められるのであろうか．水素と酸素が化合して水ができる反応やメタン(CH_4)が燃焼する反応では，発熱反応であるため，つまり生成物がエネルギー的に安定であるため，反応は速く進み，すぐに終息を迎えて，平衡に達すると考えられるかもしれない．しかし，実際は水素と酸素を混ぜただけでは燃焼は起こらず，外から放電などのエネルギーを加えなければならない．前述の化学平衡は，最終的に反応物と生成物がどのような割合で存在するかを表しているが，どのようにして反応が始まり，どれくらいの時間で反応が終わるか，すなわち，どのような速度で反応が起こるかについては述べられていない．

実際の化学反応の速度を推しはかるうえで，最も重要と考えられているものが**遷移状態**という概念である．この概念は，反応物と生成物との間にどちらの状態よりもエネルギー状態の高い遷移状態を想定し，化学反応が進行するためにはこのエネルギーの障壁を越えなければならないという考え方である(図 6.18 参照)．このエネルギーの山が高いと反応が起こりにくい，反応速度が小さいといえるし，低いと容易に進行し，速度も大きいといえる．また，反応物に熱などのエネルギーを加えると，粒子の中にエネルギーを吸収し，遷移状態の分子に変化するものができ始め，その結果，化学反応を起こし生成物へと変化できるようになる．このときの遷移状態になるために必要なエネルギーを**活性化エネルギー**という．

活性化エネルギーはその化学反応に固有のものであるので，反応速度を上昇させるためには反応物の濃度を上げるか，反応温度を高くすることしかできない．しかし，温度をあまりにも高くしすぎると化合物の分解や副反応も起こる可能性が高くなる．そこで，常温などの通常条件で起こりにくい反応を，反応経路を変えることで，より起こりやすくする化合物がある．このような化合物を**触媒**といい，反応前後ではまったく化学的に変化せず，活性化エネルギーを小さくするはたらきがある．触媒は，さまざまな有機合成反応を有利に進めるために利用されているだけでなく，私たちの体の中で起こっている代謝も，酵素のもつ触媒作用を利用して，起こりにくい反応を起こりやすくしたり，逆に反応速度を遅らせたりして，生体内の化学反応をコントロールしている（第 6 章 p.126 参照）．

3.2 酸と塩基

A. 酸と塩基の定義

私たちの日常で接する化学反応のなかで，まず最初に思い浮かべるのは**酸**と**塩基**による中和反応であろう．ここではまず，酸と塩基の定義を正確に学ぶ．酸と塩基の定義といえば，まず 19 世紀に提唱された**アレニウスの定義**を思い浮かべることと思う．つまり，塩化水素（HCl）が水（H_2O）に溶解したときには電離して，

$$HCl \longrightarrow H^+ + Cl^-$$

と，水素イオン（H^+）を生じるので，酸であり，一方，水酸化ナトリウム（NaOH）は，

$$NaOH \longrightarrow Na^+ + OH^-$$

と，水酸化物イオン（OH^-）を生じるので，塩基である，という定義である．

そのほか，水に溶かしてイオンに電離するものを**電解質**ということや，

$$H^+ + OH^- \longrightarrow H_2O$$

と，水素イオンと水酸化物イオンが反応して水を生成する反応を**中和**と定義している．この **H^+を放出するものが酸であり，OH^-を放出するものが塩基である**というアレニウスの定義は実に有効であり，日常的にはこの定義で問題を生じることはないが，実際の電離という現象を正しく表しているわけではない．

たとえば，二酸化炭素（CO_2）やアンモニア（NH_3）はこの定義では酸や塩基に分類できず，下記のように水に溶解後，それぞれ H^+，OH^-を生成するので，それぞれ酸，塩基として扱われている．

$$CO_2 + H_2O \longrightarrow (H_2CO_3) \longrightarrow H^+ + HCO_3^-$$
$$NH_3 + H_2O \longrightarrow (NH_4OH) \longrightarrow NH_4^+ + OH^-$$

また，20世紀になると，電子の発見により，H^+は陽子そのものであることがわかった．この非常に小さなイオンである陽子が単独で安定に，結合することなく存在することに疑問がもたれたが，電気伝導性があることから，電離していることはまちがいない．その一方で，塩化水素(HCl)を気体のままH^+とCl^-に解離させようとすると，1,354 kJ/molものエネルギーが必要であることも明らかとなった．つまり気体の状態では塩化水素は，H-Clの状態のほうが，$[H^+ + Cl^-]$の状態よりもかなり安定であるといえ，熱を加えたりして外からエネルギーを与えないかぎり，解離できない．しかし，塩化水素を水に溶解して得られる塩酸においては，熱などを加えなくても簡単に解離している．以上の矛盾を解消したのが，ブレンステッドとローリーによる定義であり，酸から生じたH^+は単独では存在せず，必ず別の分子と結合し，実際の反応は酸と新たな分子とのH^+の交換反応である，というものである．すなわち，水に溶けた塩化水素は解離して，

$$HCl + H_2O \longrightarrow H_3O^+ + Cl^-$$

となり，H^+ではなく，**H_3O^+（ヒドロキソニウムイオン）**を生成する．水での解離は熱を加えなくても起こることから，塩化水素は$[H^+ + Cl^-]$の状態よりもH-Clの状態のほうが安定であるが，水中では電離した$[H_3O^+ + Cl^-]$の状態が最も安定であるといえる(図3.4)．したがって，この**ブレンステッド-ローリーの定義**では，酸はH^+を与える(投げる)もの(ピッチャー)であり，塩基はH^+を受け取るもの(キャッチャー)である．上記の式では，HClがH^+を与えるので酸，H_2Oが受け取るので塩基となる．また，HClがH^+を放した後のCl^-を**共役塩基**，H^+を受け取った後のH_3O^+を**共役酸**という．

では，アンモニアが水に溶ける場合はどうだろうか．

$$H_2O + NH_3 \longrightarrow NH_4^+ + OH^-$$

この場合，H_2OがH^+を与えているので酸，NH_3はH^+を受け取っているので塩基となる．

酸が示す性質を**酸性**というが，たとえば，酸っぱい味がしたり，青いリトマス試験紙を赤に変化させたり，塩基を中和したりする性質がある．一方，塩基の示す性質を**塩基性**というが，特に塩基の水溶液が示す性質を**アルカリ性**という．こ

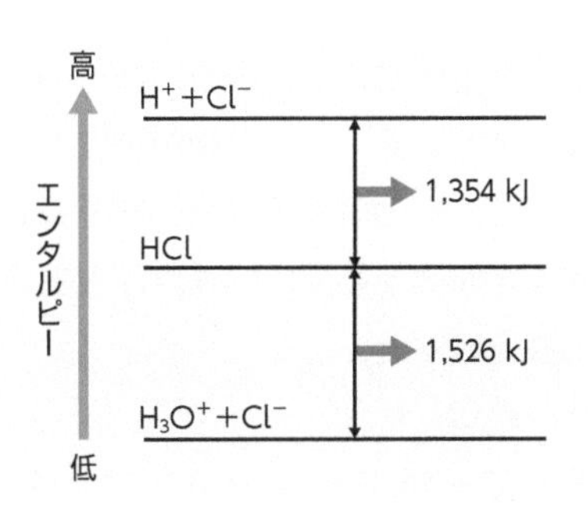

図3.4　塩化水素(HCl)の解離のエネルギー変化

れらには苦い味がしたり，赤いリトマス試験紙を青く変えたり，酸を中和する性質がある．それぞれ性質が強い強酸や強塩基は特に危険で，強酸は脱水作用が強く，皮膚につくと火傷のような症状がでたり，一方，強塩基は脂肪やタンパク質を変性する作用が強いので，皮膚につくとぬるぬるしたり，ひどい場合には火傷を起こす．それぞれ水に溶けやすい性質があるので，皮膚についた際にひどくならないために簡単にできる対策は，速やかに水で流すことである．

B. 酸と塩基の強さ

酸や塩基の強さはアレニウスの定義にしたがうと理解しやすい．つまり，水に溶けてほぼすべて電離するものが**強酸**（**強塩基**）であり，完全には電離しないものが**弱酸**（**弱塩基**）である．具体的には，塩酸（HCl），硫酸（H_2SO_4），硝酸（HNO_3）などが強酸で，水酸化ナトリウム（$NaOH$），水酸化カリウム（KOH）などが強塩基である．弱酸には酢酸（CH_3COOH），炭酸（H_2CO_3），リン酸（H_3PO_4），弱塩基にはアンモニア（NH_3）などがある．

ブレンステッド‐ローリーの定義でも，強酸と弱酸の定義は H_3O^+（ヒドロキソニウムイオン）によりなされている．塩酸の反応は，

$$HCl + H_2O \rightleftharpoons H_3O^+ + Cl^-$$

となっていて，ほとんどの塩酸が電離しているので，方向としては右側への反応が優勢であるといえる．H^+のキャッチボールが酸であるので，左辺のピッチャー（酸）は HCl，右辺のピッチャー（酸）は H_3O^+である．この場合，ピッチャーの強さ（H^+を投げる強さ）は HCl のほうが H_3O^+よりも強い．

一方，酢酸では，

$$CH_3COOH + H_2O \rightleftharpoons H_3O^+ + CH_3COO^-$$

電離するのが一部であるため，ピッチャーの強さ（H^+を投げる強さ）は CH_3COOH よりも H_3O^+のほうが強い．

したがって，ブレンステッド‐ローリーの定義では，H_3O^+よりも H^+を与える力が強い酸を強酸，弱い酸を弱酸としている．

a. 解離の度合い

酸や塩基の強さはいずれにせよ，H^+を与える力，すなわち電離する分子の割合によって評価されることが理解できたと思う．前述のように化学反応は一方通行ではなく，両方向で起こっていて，その平衡が現象として目に見えている．ここで，ある酸（HA）を想定して，その解離の度合いを計算してみたい．この HA を水に溶かし，しばらくすると解離する反応の速度が左右等しくなり，平衡状態に達する．この状態を反応式で表すと，

$$HA + H_2O \rightleftharpoons H_3O^+ + A^-$$

となる．この HA が解離して一部が H_3O^+と A^-になり平衡に達したとき，解離

した割合 α をその**酸の解離度**という．最初に C mol/L であった酸 HA は解離が完了すると，HA の濃度は $C\times(1-\alpha)=C(1-\alpha)$ mol/L，H_3O^+ と A^- の濃度は $C\times\alpha=C\alpha$ mol/L となる．

ところで，それぞれの反応速度は反応物の濃度に依存するので，右向きの反応速度を v_1，左向きの反応速度を v_2，速度定数をそれぞれ k_1，k_2 とすると，

$$v_1 = k_1[\mathrm{HA}][\mathrm{H_2O}]$$

$$v_2 = k_2[\mathrm{H_3O^+}][\mathrm{A^-}]$$

となる．たとえば，ここで，HA の濃度を 1/2 に薄めたとしよう．水(H_2O)の濃度は 1 L で約 56 mol なので，HA の濃度に比べてはるかに大きく，v_1 は HA の濃度に依存して 1/2 になる．一方，HA が解離した H_3O^+ と A^- の濃度も半分になり，v_2 は 1/4 に減る．このことは酸や塩基を薄めると平衡ではなくなり，しばらく置いておくと，v_1 と v_2 が等しくなる平衡状態まで HA の濃度をさらに下げようとする．つまり，薄めるとル・シャトリエの法則より平衡点は変化し，解離度は大きくなるので，酸や塩基の解離度は濃度によって変化してしまう．それゆえ，融点や沸点のように物質固有の値ではない．そこで，酸や塩基の強さを評価するためには，酸や塩基に固有の値である**解離定数** K_a が使われている．

上記の HA の解離の反応で，平衡状態になれば左右の反応速度は等しいので，

$$k_1[\mathrm{HA}][\mathrm{H_2O}] = k_2[\mathrm{H_3O^+}][\mathrm{A^-}]$$

となる．係数を左辺，濃度を右辺に移行すると，

$$\frac{k_1}{k_2} = \frac{[\mathrm{H_3O^+}][\mathrm{A^-}]}{[\mathrm{HA}][\mathrm{H_2O}]}$$

となり，定数となる．水の濃度はその他の濃度に比べてはるかに大きいことから，定数のほうに移項して，解離定数 K_a は次のように定義されている．

$$K_a = \frac{k_1[\mathrm{H_2O}]}{k_2} = \frac{[\mathrm{H_3O^+}][\mathrm{A^-}]}{[\mathrm{HA}]}$$

K_a は酸の濃度によらず一定であり，たとえば K_a が大きい酸は解離して生成した H_3O^+ と A^- の濃度が大きいことから，解離しやすい酸であり，酸の強さを表す指標として適切である．K_a の値 10^{-6}，10^{-8}，10^{-9} などの指数の数字は負の数になるので，通常 pK_a($=-\log K_a$)で表すことが多い．ちなみに，アレニウスの定義でも同様の解離定数の式を導き出すことができる．つまり，

$$\mathrm{HA} \rightleftharpoons \mathrm{H^+} + \mathrm{A^-}$$

であるので，

$$K_a = \frac{[\mathrm{H^+}][\mathrm{A^-}]}{[\mathrm{HA}]}$$

で表される．たとえば酢酸(CH_3COOH)では $K_a=1.8\times10^{-5}$ である．

C.　水素イオン濃度と pH

酸の水溶液中では水素イオン(H^+)，塩基の水溶液では水酸化物イオン(OH^-)が主役であるが，これらの溶液の性質は水素イオン濃度$[H^+]$，水酸化物イオン濃度$[OH^-]$に大きく依存する．この濃度を測定したり，計算して求めたりすることができれば，酸の強弱や濃度，解離度を求めることができる．水は自身が酸と塩基になって解離する．

$$H_2O + H_2O \rightleftharpoons H_3O^+ + OH^-$$

便宜上ここでは，アレニウスの原理にしたがって，水の解離を表すと，

$$H_2O \rightleftharpoons H^+ + OH^-$$

となる．

水の解離定数も他の酸と同様に求められるが，水は大量に存在するため無視でき，H^+とOH^-の濃度のみに依存する．そこで，この 2 つの濃度の掛け算は他の解離定数と同様，一定の値を取り，**水のイオン積**(K_w)で表される．温度によって変化するが，通常 25℃の値を用いることが多い．

$$K_w = [H^+][OH^-] = 1.0 \times 10^{-14} (mol^2/L^2,\ 25\ ℃)$$

つまり，純水や完全に中性の水であれば 25 ℃のときには，それぞれ 1.0×10^{-7} mol/L の H^+と OH^-とが存在することなる．水のイオン積の値は，いかなる電解質が存在しても変化しないので，H^+の濃度がわかれば，OH^-の濃度が求められる．中性の真水に酸が投入されると，H^+の濃度が上昇し，OH^-の濃度がさらに低くなる．逆に塩基が投入されると，H^+の濃度が減少する．したがって，H^+の濃度が 1.0×10^{-7} mol/L より大きいか小さいかで，その水溶液が酸性か，アルカリ性か判断できることになる．しかし，この数値自体が極めて小さく，扱いにくいので解離定数 K_a と同様に，H^+の濃度の負の対数を pH(水素イオン指数)として，水溶液の酸性度・アルカリ性度の指標にしている．

$$pH = -\log[H^+]$$

pH ＜ 7　酸性
pH ＝ 7　中性
pH ＞ 7　アルカリ性

pH の値は，色素の pH 依存的な色の変化を利用した pH 試験紙でも求められるが，ガラス電極を用いた pH メーターにてより正確に求められる．pH は私たちの生活のなかで重要な指標の 1 つであり，血液の pH は 7.4 ± 0.05 に厳密に維持されている．また，胃液の pH は 1.0 ～ 1.5 である．

D.　中和反応

中和反応とは，前述のようにアレニウスにより定義された反応であり，H^+を

解離する酸と OH^- を解離する塩基を混ぜたときに，塩と水が生じる反応のことである．たとえば，塩酸(HCl)と水酸化ナトリウム(NaOH)の反応を例にとると，

$$HCl \longrightarrow H^+ + Cl^-$$

$$NaOH \longrightarrow Na^+ + OH^-$$

両式を足すと，H^+ と OH^- は水に戻り，残りは塩を形成し，

$$HCl + NaOH \longrightarrow NaCl + H_2O$$

となる．したがって，ここで生成した塩は塩化ナトリウム(NaCl)であるが，水溶液中では Na^+ と Cl^- に電離している．この例は 1 価の酸(1 mol の酸が完全に解離すると 1 mol の H^+ を出す)と 1 価の塩基(1 mol の塩基が完全に解離すると 1 mol の OH^- を出す)の反応であった．これらは等モルのときに過不足なく反応して塩を生成し，水溶液は中性になるが，この現象を利用して酸や塩基の濃度や量を求めることができる．これを**中和滴定**という．

ここで，0.1 mol/L 塩酸 100 mL を 0.1 mol/L 水酸化ナトリウム水溶液で中和滴定することを考えてみる．この塩酸の pH は，すべてが電離したと考えて，

$$-\log 0.1 = -\log 10^{-1} = 1$$

であり，一方，水酸化ナトリウムは水のイオン積より H^+ 濃度が 10^{-13} mol/L であるので，pH は 13 である．この塩酸に 0.1 mol/L 水酸化ナトリウム水溶液を 10 mL 入れると，塩酸中に存在する H^+ の 10%が OH^- によって中和されるが，約 90%が残っていて，pH はほとんど変化しない．pH が 2 になるためには，H^+ 濃度が 10^{-2} mol/L になる必要があるので，最初よりも H^+ は 1/10 に減らないといけない．すなわち，約 80 mL の水酸化ナトリウム水溶液を入れたときである(入れた分だけ溶液全体の量も増えることに注意)．さらに pH が 3 になるためには同

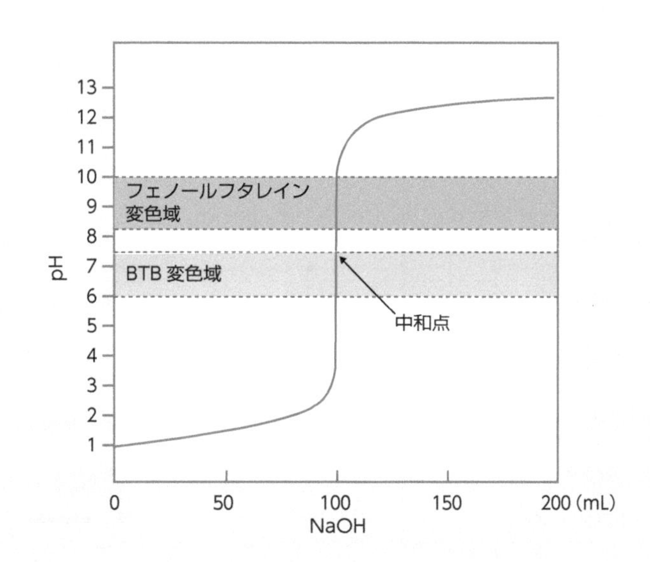

図 3.5 0.1 mol/L塩酸(HCl)100 mL を 0.1 mol/L 水酸化ナトリウム(NaOH)で中和滴定した場合の滴定曲線
BTB：bromothymol blue，ブロモチモールブルー

様に約 98 mL が必要である．こうして，加えていった水酸化ナトリウムの量と溶液全体の pH の変化をグラフにすると，図 3.5 のようになり，この曲線を**滴定曲線**という．塩酸の量とまったく同じ 100 mL の水酸化ナトリウム水溶液を加えたときのみ，H^+ と OH^- の濃度が等しくなり，pH = 7，すなわち中和が成立する．

ここで注意しておきたい点は，中和点付近で pH が大きく変化することである．先ほども述べたように，水酸化ナトリウムを 98 mL 入れたとき点ではまだ pH が 3 付近であるが，もし，誤って一度に 5 mL 入れてしまうと pH は 11 を超えてしまう．中和点を知るには，pH メーターを使って滴定曲線を書く以外に，pH 変化とともに変色する物質(指示薬)を加えておいて，変色が起こったときをもって中和完了点と判定することもできる．各中和滴定実験において，どれを指示薬として用いるかは，酸，塩基の強弱と**指示薬の変色域**で決める(図 3.6)．塩酸と水酸化ナトリウムでは中和点付近の pH の変化の幅が大きいので，pH＝3〜11 の中に変色域が入る物質なら，すべて指示薬として使える．しかし，弱酸の酢酸と水酸化ナトリウム水溶液との中和では，中和点の pH が約 9 であり，変化の幅も狭いので，変色域が pH＝8.3〜10 のフェノールフタレインが最適である．

中和点の pH がどんな値であっても，酸と塩基が過不足なく反応するところが中和点であるので，n 価の酸が c mol/L の濃度で v mL ある場合に，n' 価の塩基が c' mol/L の濃度である水溶液で中和するのに必要な量 v' mL は，以下の式で求められる．

$$\frac{n \times c \times v}{1{,}000} = \frac{n' \times c' \times v'}{1{,}000}$$

なので，

$$v'(\text{mL}) = \frac{ncv}{n'c'}$$

となる．

図3.6 代表的なpH指示薬と変色域

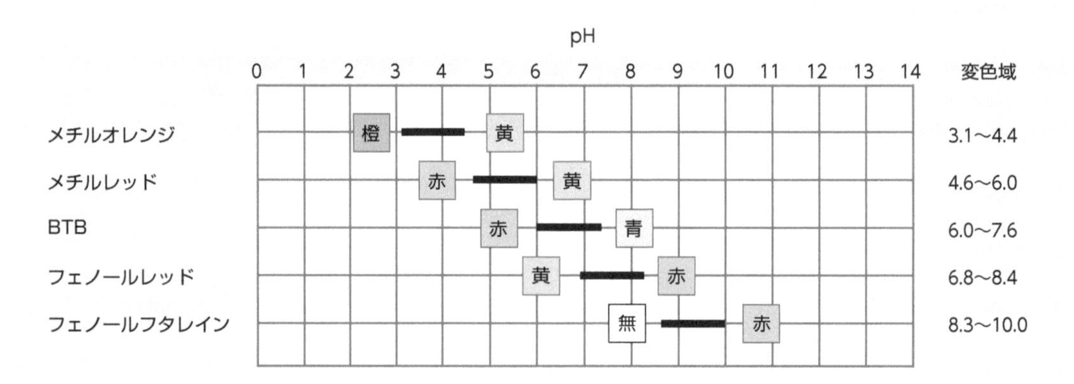

E. 緩衝溶液

もう一度，アレニウスの原理にしたがい，ある酸 HA の解離定数 pK_a を求める式を表すと，

$$K_a = \frac{[H^+][A^-]}{[HA]}$$

$$pK_a = -\log K_a = \log\frac{[HA]}{[H^+][A^-]}$$

この式を変形すると，

$$pK_a = -\log[H^+] + \log\frac{[HA]}{[A^-]}$$

$$= pH + \log\frac{[HA]}{[A^-]}$$

となる．

この式を**ヘンダーソン - ハッセルバルヒ式**というが，[HA]と[A^-]が等しくなったとき，pH は pK_a と等しくなる（log[HA]/[A^-] = log 1 = 0 である）．HA が弱酸とすると単独で半分が解離することはないが，強塩基を用いて中和すれば解離させることができる．A^-は AH が H^+を放すことで生成する共役塩基であるので，pH と pK_a が等しくなる点は，酸が半分中和された（0.5 等量の塩基を加えた）点であり，この点も pH メーターを使った滴定で求めることができる．酢酸の pK_a を求める滴定曲線を図 3.7 に示す．完全に中和されるまでに，中点付近で傾きが平らになり，終点近くで急に傾きが大きくなっている．このように pK_a 付近では

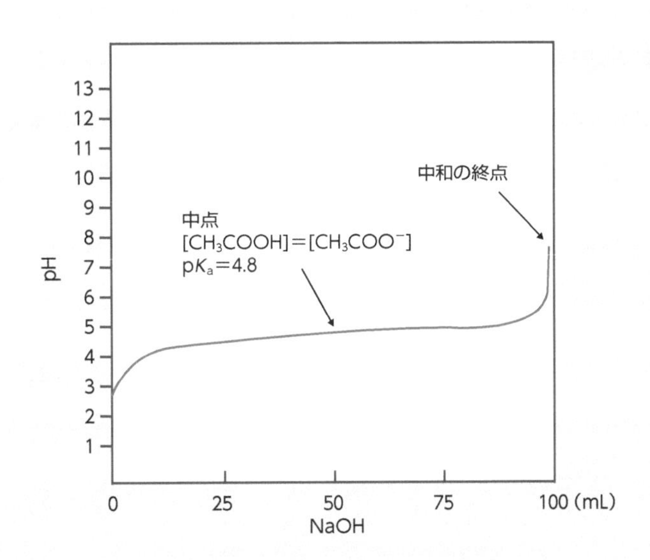

図 3.7　0.1 mol/L 酢酸（CH_3COOH）100 mL を 0.1 mol/L 水酸化ナトリウム（NaOH）で滴定した場合の滴定曲線と酢酸の pK_a

少量の塩基を加えても，あるいは逆に少量の酸を加えても水溶液の pH はほとんど変化しない．水溶液がこのような状態にあるとき，その水溶液は緩衝作用があるといい，pK_a 付近は緩衝作用が最も大きいことになり，この緩衝作用は pK_a より上下 1 の pH 範囲で効果的である．このように，外部から加えられた酸や塩基に対して pH の変化を緩衝作用により妨げる水溶液を**緩衝溶液**という．

緩衝作用は，すべての生物にとって不可欠な現象である．体内の化学反応をつかさどる酵素や生理作用を担っている物質はある一定の範囲の pH でしか作用できないことが多い．たとえば，血液は常に pH 7.4±0.05 で一定に保たれている．たとえば生理食塩水（0.15 mol/L の塩化ナトリウム水溶液）100 mL に 1 mol/L の塩酸を 1 mL 入れると pH は 2 付近まで下がるが，血液だと 7.2 ほどまでしか下がらず，極めて強力な緩衝作用を有しているといえる．この血液の緩衝作用はおもに，炭酸（H_2CO_3）- 炭酸水素イオン（HCO_3^-）の緩衝系で制御されている．

3.3 酸化と還元

酸・塩基に続いて，私たちの生活になじみ深い化学反応に，**酸化還元反応**がある．私たちにとって必須な空気の 20%が酸素であるため，酸素が関与する反応を避けて通ることはできない．燃焼という現象は最も わかりやすい酸化の反応である．一方，生物においても，植物の光合成は二酸化炭素を還元してグルコース（$C_6H_{12}O_6$）をつくる反応であり，逆に私たちの呼吸はグルコースを酸化して，二酸化炭素と水をつくり，エネルギーをつくっているといえる．ここでは，酸化と還元反応を媒介する化学種*で整理して理解する．

* 分子，原子，イオンなど化学的にみた物質の種類のこと．

A. 酸素と水素がかかわる酸化と還元

ガスコンロに火をつければメタン（CH_4）が燃焼したり，鉄（Fe）を放置しておくと錆（さ）びたりする．これは，メタンや鉄と空気中の酸素（O_2）が化合して，酸化物を生成する現象を見ている．これらは文字どおり酸素が化合する酸化反応であり，化学式で表すと以下のようになる．

$$CH_4 + 2O_2 \longrightarrow CO_2 + 2H_2O$$

$$4Fe + 3O_2 \longrightarrow 2Fe_2O_3$$

鉄と酸素との反応は比較的ゆっくり進むが，鉄も細かく砕いて鉄粉にすると，酸素と反応する表面積が大きくなるので，熱を発生させることもできる．これを利用しているのが使い捨てカイロである．

温泉の硫黄臭の原因は硫化水素（H_2S）であるが，湯船にできる湯の花は硫黄（S）の単体である．これも実は酸化反応によるものである．

$$2H_2S + O_2 \longrightarrow 2H_2O + 2S$$

この反応は，酸素が化合する反応ではないが，硫化水素から水素原子が取り去られる反応であり，この現象も酸化反応と定義できる．

一方，水素(H_2)と窒素(N_2)からアンモニア(NH_3)をつくる**ハーバー - ボッシュ法**という合成方法がある．この反応は窒素が水素原子と化合する反応であるので，還元反応と定義される．

$$3H_2 + N_2 \longrightarrow 2NH_3$$

酸化反応の場合と同様に，酸素原子が取り去られる場合も還元反応である．この例としては，鉄鉱石(Fe_2O_3)から精錬によって鉄が得られるという反応がある．鉄鉱石には酸化鉄(Ⅲ)が含まれており，これを一酸化炭素とともに溶鉱炉で加熱して，金属の鉄を得ている．

$$Fe_2O_3 + 3CO \longrightarrow 2Fe + 3CO_2$$

以上のように，酸化反応は，酸素が化合する，あるいは水素が脱離する場合であり，還元反応は，水素が化合する，あるいは酸素が脱離する場合と理解できる．

B. 電子の出入りによる酸化と還元

酸素と水素の出入りがある場合は，酸化と還元を理解することは容易である．しかし，酸素や水素がかかわらない酸化や還元反応もたくさんあり，以上の定義では不十分である．たとえば，マグネシウム(Mg)が塩素(Cl)と反応して，塩化マグネシウム(MgCl)ができる反応がある．

$$Mg + Cl_2 \longrightarrow MgCl_2 \quad (= Mg^{2+} + 2Cl^-)$$

この塩化マグネシウムは，Mg^{2+}とCl^-からなる物質であり，この反応の前後では，Mg が Mg^{2+}になる，つまり電子が 2 個移動する点に反応の本質があるといえる．

同様に，マグネシウムが酸化する反応を考えてみると，

$$2Mg + O_2 \longrightarrow 2MgO \quad (= 2(Mg^{2+} + O^{2-}))$$

となり，電子に注目すると，塩素との反応と同様にMg^{2+}になる，つまり電子が 2 個移動する反応であると理解できる．したがって，酸素や水素が媒介しなくても，電子の移動で酸化か還元か定義することができるのである．すなわち，電子が奪われる反応，

$$Mg \longrightarrow Mg^{2+} + 2e^-$$

は酸化反応である．

一方，ダニエル電池(p.66 コラム「イオン化傾向」参照)の正極で銅(Cu)が析出する，次のような反応，

$$Cu^{2+} + 2e^- \longrightarrow Cu$$

は，電子を受け取るので，還元反応と定義される．

図3.8 酸化と還元

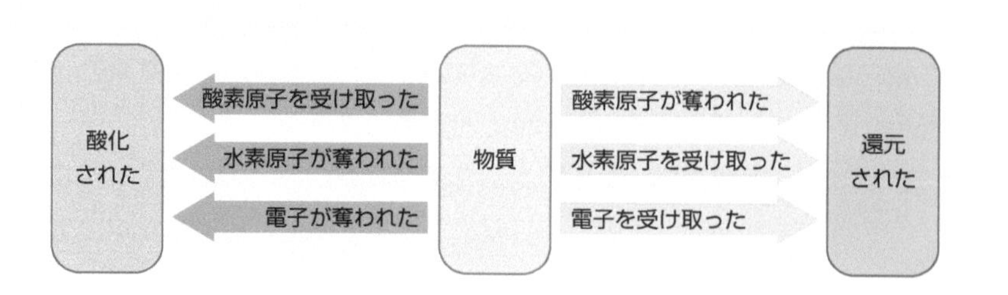

実際の反応では，電子が遊離する現象は目に見えない．すなわち，酸化によって奪われた電子はその他の化合物により受け取られる．また，先ほどの酸素に注目した酸化反応を例にとり，酸素の移動に注目すると，

$$Fe_2O_3 + 3CO \longrightarrow 2Fe + 3CO_2$$

ここで，酸化鉄(Ⅲ)は酸素が奪われ，$Fe^{3+} \rightarrow Fe$ と，電子を受け取っているので還元されているが，一方の一酸化炭素は酸素を受け取り，電子が奪われているので酸化が起こっている．以上をまとめると，酸化と還元は図 3.8 のようにまとめて理解できる．

これまで酸化反応として例にあげた反応はすべて，還元反応を伴っており，還元反応では必ず酸化反応を伴っている．このように，酸化と還元は必ず対になって(共役して)起こるので，**酸化還元(レドックス)反応**とまとめていうことが多い．ただし，酸化されるか，還元されるかを，いずれの化合物を主体に考えるかによって便宜上，酸化反応か，還元反応か区別して表すことがある．このときに用いられる式を**半反応式**という(表 3.1)．また，自身が還元することで，相手を酸化するものを酸化剤，自身が酸化することで相手を還元するものを還元剤といい，整理して理解する必要がある．これらの能力はあくまでも相手との相対的なものであるので，過酸化水素(H_2O_2)のように酸化剤にも還元剤にもなりうる化合物も存在する．

表3.1 酸化剤と還元剤の半反応式

食品添加物では，ビタミンC(L-アスコルビン酸)が酸化防止剤として使われている．これも，自身が酸化されやすいため，還元剤としてはたらく．ビタミンCのレダクトン構造(二重結合にヒドロキシ基2個)がこの作用に寄与している．

酸化剤(自身は還元している)	塩素	Cl_2		$+2e^-$	$\rightarrow 2Cl^-$			
	オゾン	$2O_3$		$+3e^-$	$\rightarrow 3O_2$			
	過マンガン酸カリウム	$KMnO_4$	$+8H^+$	$+5e^-$	$\rightarrow K^+$	$+Mn^{2+}$	$+4H_2O$	
	二クロム酸カリウム	$K_2Cr_2O_7$	$+14H^+$	$+6e^-$	$\rightarrow 2K^+$	$+2Cr^{3+}$	$+7H_2O$	
	過酸化水素	H_2O_2	$+2H^+$	$+2e^-$	$\rightarrow 2H_2O$			
	二酸化硫黄	SO_2	$+4H^+$	$+4e^-$	$\rightarrow S$	$+2H_2O$		
還元剤(自身は酸化している)	ナトリウム	Na			$\rightarrow Na^+$		$+e^-$	
	水素	H_2			$\rightarrow 2H^+$		$+2e^-$	
	硫化水素	H_2S			$\rightarrow 2H^+$	$+S$	$+2e^-$	
	硫酸鉄	$FeSO_4$			$\rightarrow Fe^{3+}$	$+SO_4^{2-}$	$+e^-$	
	過酸化水素	H_2O_2			$\rightarrow O_2$	$+2H^+$	$+2e^-$	
	二酸化硫黄	SO_2	$+2H_2O$		$\rightarrow SO_4^{2-}$	$+4H^+$	$+2e^-$	

C. 酸化数

金属のナトリウム(Na)と塩化ナトリウムを構成するナトリウムイオン(Na^+)を比較すると，電子の受け渡しは目に見えやすいので，どちらへの反応が酸化であるのか，還元であるのか理解しやすい．しかし，最初に例としてあげたメタン(CH_4)の燃焼では，生成するものがイオン性の化合物ではなく，新しい共有結合を生成するような反応であり，それぞれの原子がどの程度電子を得たのか，失ったのか，判断が難しい場合がある．そこで，分子やイオンを構成している各元素に対して，酸化数という数値を定義しておくと，どの元素からどの元素へ電子が移動したか，理解しやすい．

共有結合する原子は，その結合に関与する電子対の数を表す特有の原子価を有する．また，イオンにも電荷の数を表す価数をもつ．**酸化数**はこれらの値を表した概念であるが，酸化数は化合物ができ上がった時点で，化学式から法則にしたがって各元素に振り当てられる数値である．以下にその法則を列挙する．

①単体の原子の酸化数は 0 である．

②化合物またはイオンを構成している酸素(O)の酸化数は−2 とする．ただし，過酸化水素(H_2O_2)のみ−1 とする．

③化合物またはイオンの中の水素原子(H)の酸化数を+1 とする．ただし，水素化ナトリウム(NaH)や水素化カルシウム(CaH_2)など，金属水素化物といわれる化合物中の水素原子の酸化数は−1 とする．

④化合物を構成している各原子の酸化数の総和は，その化合物がもつ電荷に等しい．すなわち，中性の化合物では 0 であり，イオンではその価数に正または負の符号をつけたものである．

この法則にしたがって，原子の酸化数を決めると化合物やイオンの種類によって一定にならないことが多い．これはあくまでも便宜上定義された数値であり，決してその価数のイオンになることを表していない．酸化数はまったく架空の数値であることを忘れてはいけない．あくまでも酸化還元反応における電子の移動を理解するためのものである．

イオン化傾向

酸化還元反応を電子の出入りで理解できることを学んだが，たとえば，金属亜鉛(Zn)も金属銅(Cu)も同じように電子を放出してイオンになり，逆に電子を受け取って金属に戻ることもできる．

$$Zn \rightleftharpoons Zn^{2+} + 2e^-$$

$$Cu \rightleftharpoons Cu^{2+} + 2e^-$$

では，どちらの金属がイオンになりやすいのであろうか．これを決めるのは，金属元素に固有の値であるイオン化エネルギーに基づく，水溶液中でのイオン化傾向である．図にイオン化傾向の序列を示しているが，銅よりも亜鉛のほうがイオンになりやすい．これを利用したのがダニエル電池である．これは，金属の亜鉛板を硫酸亜鉛($ZnSO_4$)水溶液に，銅板を硫酸銅(Ⅱ)($CuSO_4$)水溶液に浸し，互いの水溶液を，素焼き板(水やイオンは移動可能)を隔てて接触させ，それぞれの電極を導線で結んだものである．負極となる亜鉛板の金属亜鉛は銅よりもイオン化傾向が大きく，Zn^{2+}になることで電子を与える．一方，正極では亜鉛よりイオン化傾向の小さい銅がイオンのCu^{2+}から金属Cuに析出する反応が起こり，電子を受け取ろうとする．この反応を完了させようとして，亜鉛板から導線を伝って電子が移動する，すなわち電流が流れるようになる．このように電池とは酸化還元反応により電子(電流)を発生させる装置である．

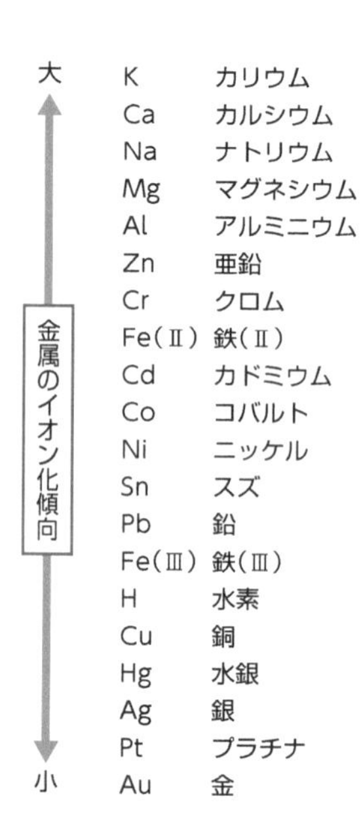

イオン化傾向の極めて小さい銀(Ag)，白金(Pt)，金(Au)は空気中で錆びたり，イオンになって溶けたりすることが起こりにくいため，貴金属といい，いつまでも光沢を失わない．

(　　)に入る適切な語句を答えなさい.

1）化合物がまったく別のものに変化する現象が化学反応である．化学式(分子式，イオン式，組成式，示性式)を用いて，実際の化学反応を表した式を(　　)という.

2）ある物質が化学反応を起こして新しい生成物が生まれるとき，外にエネルギーを熱として放出する(　　)か，あるいは熱を吸収する(　　)か，どちらかの現象が起こる．物質の化学エネルギーは温度や圧力によっても変化するため，吸収されたりする熱量は生成物と反応物の化学エネルギーの差である(　　)で表すことができる.

3）アレニウスの定義では，水素イオン(H^+)を生じるものを(　　)，水酸化物イオン(OH^-)を生じるものを(　　)としているが，ブレンステッドとローリーによる定義では，H^+を与えるものが(　　)であり，H^+を受け取るものが(　　)とされる.

4）水素イオン濃度を表す pH は，色素の pH 依存的な色の変化を利用した(　　)やガラス電極を用いた(　　)にてより求められる.

5）H^+を解離する酸と OH^-を解離する塩基を混ぜたときに，塩と水が生じる反応を(　　)という.

6）外部から加えられた酸や塩基に対して pH の変化を妨げる水溶液を(　　)という．生体内の化学反応を司る酵素や生理作用を担っている物質は，ある一定の範囲の pH でしか作用できないことが多いことから，すべての生物にとって(　　)は不可欠である.

7）酸素が化合する，水素が脱離する，電子が奪われる化学反応が(　　)であり，水素が化合する，酸素が脱離する，電子を受け取る化学反応が(　　)である.

4. 物質の変化：エネルギー

ジェルマン・アンリ・ヘス（1802 ～ 1850）
スイス生まれのロシアの化学者．化学反応で反応熱の総量は，その反応の初めと終わりの状態で決まり，途中の経過に関係しないというヘスの法則を発表した．

4.1 エネルギーとは

私たちは，寒い時，石油ストーブあるいは電気ストーブから熱を発生させて暖を取る．日々の生活においても，電話やテレビ，パソコン，電車など，電気を利用して生活している．また，私たち自身も，生きていくうえで，食物を摂取し，その食物に含まれるエネルギーを体内で ATP（アデノシン三リン酸）などの形態で取り出して生命活動を営んでいる．

ATP：adenosine 5'-triphosphate

A. エネルギーの定義

エネルギーとは，**仕事量**，すなわちどのくらいの「仕事」ができるかという能力（の量）のことである．ここでいう**仕事**とは，エネルギーを使って物体に変化を起こさせることをいう．2 つの物体の間でエネルギーが移動し，その結果，物体の状態が変化するとき，最初にエネルギーをもっていた物体が，エネルギーを与

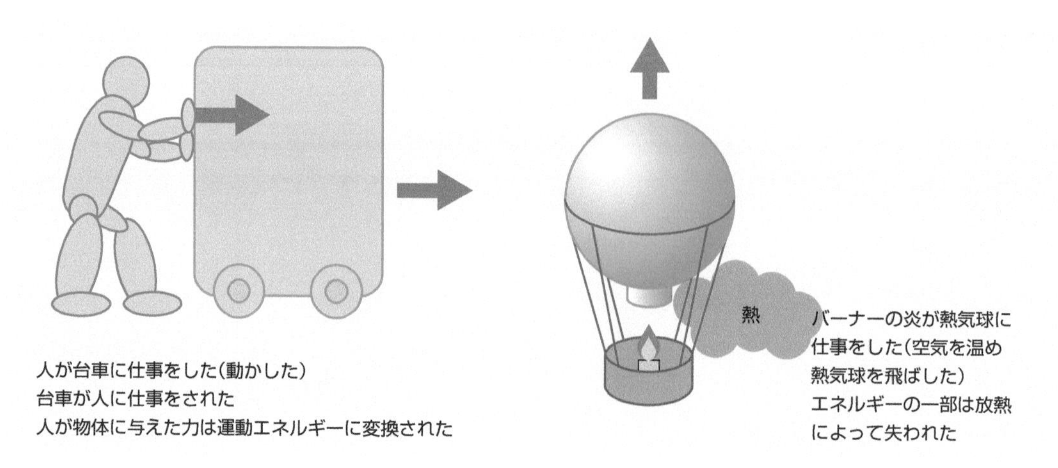
熱
バーナーの炎が熱気球に
仕事をした（空気を温め
熱気球を飛ばした）
エネルギーの一部は放熱
によって失われた
人が台車に仕事をした（動かした）
台車が人に仕事をされた
人が物体に与えた力は運動エネルギーに変換された

えた物体に対して「仕事をした」という．たとえば，物を押して動かす場合，押した人から物へエネルギーが移動し，動いた物体は「仕事をされた」ことになる．また，バーナーで空気を温め熱気球を飛ばす場合，熱により空気を温め，それによって気球を動かす，という「仕事」をする(図 4.1)．一方，火を燃やす場合，そこから熱が発生するが，この熱自体は物を動かすなどといった仕事はしない．しかし，エネルギーの移動という観点から見ると，エネルギーは失われたのではなく，「熱」という形に変換された，といえる．

このようにエネルギーにはさまざまな形態があり，互いに変換可能である．たとえば，エネルギーには貯蔵できるもの(化学エネルギーや電気エネルギー)と移動しやすいもの(光エネルギーなど)があるため，移動しやすいエネルギー(太陽光のエネルギー)を貯蔵エネルギーに変換してやれば，備蓄することができる．

[例] 太陽電池(光エネルギー → 電気エネルギー)
　　水力・風力発電(運動エネルギー → 電気エネルギー)

B. エネルギーの単位

エネルギーの単位はいくつか存在するが，国際単位系(SI)としては**ジュール**(J)が用いられる．1 J のエネルギーとは，1 ニュートン(N，質量 1 kg の物体に 1 m/s^2 の加速度を生じさせる力)の力が物体を力の方向に 1 m 動かすエネルギーに等しい．このエネルギーは，地球上で重力に逆らって 1 kg の物体を 10 cm 持ち上げるエネルギーにほぼ等しい．また，非 SI ではあるが，日本では計量法での例外として，エネルギーの形態の 1 つである熱(量)の単位としてはカロリー(cal)が用いられることが多い．**カロリー**とは，水 1 g の温度を 1 ℃上げる熱量のことであり，1 cal＝4.184 J と定義されている．現在では，カロリーという単位は栄養学的，生物学的な熱量を表す場合以外に用いることは禁止されている．従来，食品のカロリーといわれている単位は，**キロカロリー**(1,000 cal，1 kcal)を指しており，大文字の Cal が用いられてきたが，近年は用いられなくなっている．

4.2 エネルギーの種類：ヘスの法則

エネルギーは，**力学的エネルギー**と**内部エネルギー**(光エネルギー，熱エネルギー，電気エネルギー，化学エネルギーなど)に大きく分けられ，その起因によってさまざまな種類に分類されている．

A. 力学的エネルギー：運動エネルギーと位置エネルギー

力学的エネルギーとは物体に作用する力と運動にかかわるエネルギーのことで

あり，**運動エネルギー**と**位置**(ポテンシャル)**エネルギー**に大別される．

運動エネルギーとは，動いている物体がもっているエネルギーのことである．質量 m の物体がもつ運動エネルギーはその速さを v とすると

$$E=\frac{1}{2}mv^2$$

で表される．ある物体のもつ運動エネルギーは，その運動している物体を停止させるために必要なエネルギーに等しい．

位置エネルギーとは，物体がある位置に存在していることによりその物体がもつことができるエネルギー(ポテンシャルエネルギー)のことである．高い位置に置かれた物体は大きな位置エネルギーをもつ．この物体が落ちると，位置エネルギーは徐々に運動エネルギーへと変化する．物体が位置 r_0 から位置 r に落下するとき，物体を動かした力 F の行う仕事は位置エネルギーの減少量に等しくなる．通常物体が落ちる場合，F とは重力のことであり，高い位置に物体を持ち上げるという仕事は，重力に逆らってものを動かすためのエネルギーということになる．

高い位置ばかりでなく，バネを縮めたり引っ張ったりすると，手を離すと同時にバネは最初の位置に戻ろうとする．これは「弾性エネルギー」という位置エネルギーの一種である．物体が落下する場合と同様，バネを縮めたり引っ張ったりした状態からバネが動き(伸びたり縮んだりして)最初の位置に戻るエネルギーのことをさす．

このように運動する物体が存在するとき，それがもつ運動エネルギーと位置エ

摩擦とエネルギー

運動する物体において力学的エネルギー保存の法則が成り立たない場合がある．なぜならこの法則は，物体に位置エネルギーと運動エネルギー以外の力が加わらないときにのみ成り立つものであり，通常の条件では外部とのエネルギーのやり取りが起こる場合がほとんどだからである．摩擦とは，2つの接触する物体の間の界面でみられる，運動を阻止しようとする抵抗のことをさす．摩擦の大きさは，面に液体や気体が吸着しにくい場合に大きくなり，これを乾燥摩擦という．一方，その面を気体や液体が覆った層が存在すると，摩擦は小さくなる．これは境界摩擦といわれ，この層が厚くて粘性のものになると，潤滑油として摩擦を小さくするはたらきをする．以上のように，摩擦が発生するような2つのものが接触して行う運動においては，力学的エネルギーが熱に変化する(摩擦熱)．このように摩擦によって熱が発生し，エネルギーが見かけ上失われる場合には，力学的エネルギー保存の法則は成立しないが，熱力学的にみたエネルギー保存の法則は成立している．

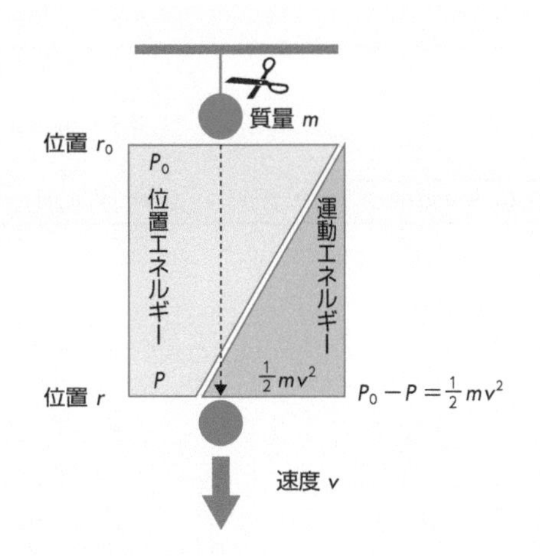

図4.2 運動エネルギーと位置エネルギー
静止状態の物体の位置エネルギー(P_0)は，r_0 から r へ落下すると減少する(P)．一方，物体は落下(という動き)により運動エネルギーをもち，これはその物体の質量 m と速度 v に比例する．
失われる位置エネルギーは運動エネルギーに変換され，「力学的エネルギー保存の法則」が成り立つ．

ネルギーの総和は一定であり，保存される(図 4.2)．このことを**力学的エネルギー保存の法則**という．

B. 内部エネルギー：化学エネルギー

物質のもつエネルギーから力学的エネルギーを引いた残りの部分を「内部エネルギー」という．内部エネルギーの種類としては，**化学エネルギー**，**電気エネルギー**，**熱エネルギー**，**光エネルギー**，**原子エネルギー**などがある．

このうち化学エネルギーとは，原子間の化学結合によってそれぞれの物質に蓄えられているエネルギーのことであり，燃料資源が発揮するエネルギーや生体の代謝にかかわるエネルギーは，化学エネルギーとして蓄えられたものである．

化学物質の分子内に存在する個々の結合に割り当てられたエネルギーのことを結合エネルギーといい，物質のもつ化学エネルギーはこの結合エネルギーの総和となる．たとえば，酸素分子(O_2)の結合エネルギーは酸素原子間の二重結合に由来する 498 kJ/mol であり，メタン(CH_4)であれば，炭素原子と水素原子間の 4 つの単結合に由来する 1,664(=4×416) kJ/mol である．分子内のすべての結合を切って個々の原子にまで切断するために必要なエネルギーは，各結合に蓄えられたエネルギーの総和，すなわち化学エネルギーとほぼ等しい．

物体に化学変化が起こると，化学エネルギーの一部は他のエネルギーに変換される．たとえば，メタンと酸素が反応して二酸化炭素(CO_2)と水(H_2O)に変化する(燃焼する)場合，以下の反応式が成り立つ．

$$CH_4 + 2\,O_2 \longrightarrow CO_2 + 2\,H_2O$$

CH_4(1,664 kJ/mol)と $2\,O_2$(2×498 kJ)のもつ化学エネルギーの総和(結合の切断のために消費される量)と，CO_2(1,606 kJ/mol)と $2\,H_2O$(2×934 kJ)のもつ化学エネルギーの総和(結合の形成により放出される量)には差(814 kJ/mol)があり，これが熱に変

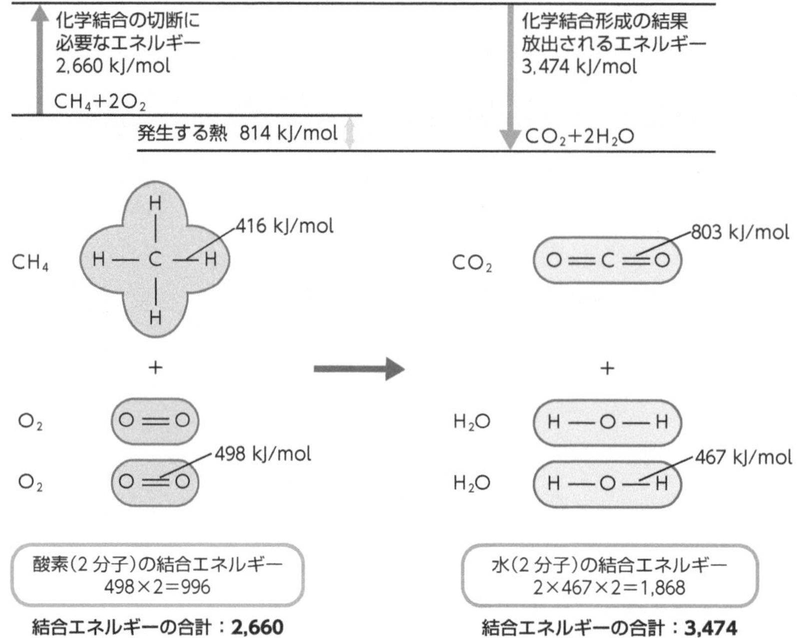

図4.3 化学反応と結合エネルギー
メタン(CH_4)1 mol が燃焼すると 814 kJ の熱が発生する.

換されて放出されていると見ることができる(図 4.3). これが燃料としてのメタンガスから得られるエネルギーである.

逆に, 他のエネルギーを化学エネルギーに変換する場合がある. 植物は太陽光から得られる光エネルギーを光合成によって化学エネルギーへと変換し体内に蓄えている. 石炭などの天然資源の化学エネルギーは, 古代植物がこのように蓄えたものである.

C. 熱力学の法則

熱力学は 19 世紀半ばから後半にかけて確立された, 熱を伴う現象を扱う物理学的考え方である. 熱力学には以下に述べるように, 第零(れい)法則から第三法則までが存在しており, 熱平衡という状態や, エネルギーの保存に関することを扱っている(図 4.4 ～図 4.7). ここまでに述べたように, エネルギーはある系(場)から他へと移動するが, それ自身は仕事や熱に変換されるのみで失われることはなく, 仕事や反応前後のエネルギーの合計は保存される. このことは第一法則で述べられている.

a. 熱力学第零法則

「物体 A と B, B と C がそれぞれ熱平衡ならば, A と C も熱平衡にある」

熱平衡あるいは熱的つりあいといわれる状態とは, 接触しているなど熱の移動が可能な 2 つの物体または場所, あるいはそれらの部分の間で, 熱の移動が起

図4.4　熱力学の第零法則：熱平衡

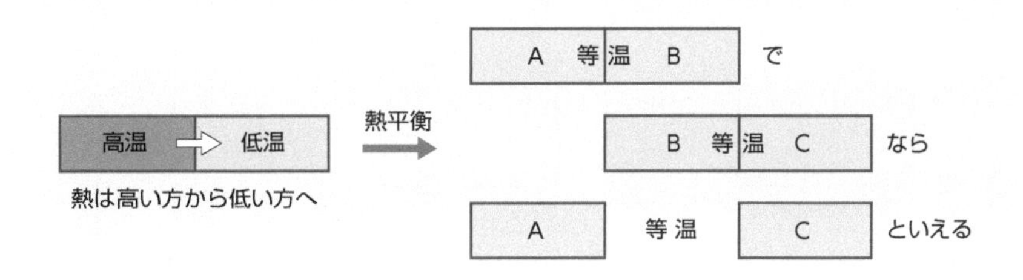

こらず，さらに物質の状態の変化も起こらない（温度に変化がなくても固体から液体に溶けている場合など）状態のことをいう．AとBが熱平衡であればAとBの温度は等しく，BとCが熱平衡であればBとCの温度は等しいので，AとCの温度も等しくなる（図4.4）．

b．熱力学第一法則

「ある系のエネルギーの総量は状態変化の前後で変化しない」

ある反応系において状態が1から2に変化するとき，内部エネルギー U の変化量は，物質の変化に対して外部から吸収した熱量 Q と外部からされた仕事 W（外部に仕事をした場合には負の値となる）の和に等しい．

$$U_2 - U_1 = Q + W$$

つまり，加えられた熱量やなされた仕事の分だけ内部エネルギーは増加するが，逆に，外部に対して行った仕事や失った熱量の分だけ内部エネルギーは減少するということである．たとえば，水を入れたシリンダーを温めると，水が蒸発して体積が膨張しピストンを押し上げるという仕事をする（図4.5）．水，シリンダー，

熱エネルギーと温度

熱エネルギーとは，物体を構成している分子の自発運動に由来する運動エネルギーの総和のことである．熱エネルギーと熱そのものは同じではない．熱（量）とは，温度の異なる物体を接触させたときに高温の物体から低温の物体に移動するエネルギーのことであるが，物体のもつ熱エネルギーとは，その物体がもつ内部エネルギーの1つであり，「熱」というよりは「温度」のことである．つまり，温度とは物体を構成する分子の運動エネルギー，すなわち熱エネルギーの平均を示す尺度ということができる．このことから，温度の変化は物体内の分子の状態の変化の指標となり，そのような内部状態の変化に伴って体積変化や相変化（固体，液体，気体の変化）も起こる．

絶対零度とは，この内部エネルギーが最小の状態を零度と定めたものである（図4.7）．このときの温度の尺度は絶対温度といい，ケルビン（K）という単位で表す．絶対零度は摂氏では −273.15 ℃に相当する．

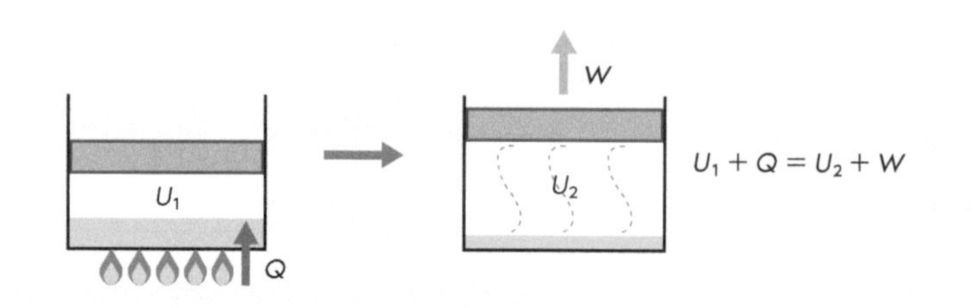

図4.5　熱力学の第一法則：熱力学エネルギーの保存
U：内部エネルギー
Q：熱量
W：仕事

ピストンから構成される系がもつ内部エネルギーが U_1 から U_2 へと変化するとき，エネルギー変化は，

$$U_1 + Q = U_2 + W$$

と表され，内部エネルギー変化 $U_2 - U_1$ は，加熱されて得た熱量 Q とピストンにした仕事 W の差 $Q - W$ に等しくなる(図 4.5)．この法則は，何もないところからエネルギーが生まれることはなく，逆に発生したエネルギーが単に消滅することもないということを表している．

エネルギーは化学反応の前後においても当然保存される．前述のメタン(CH_4)の例にみられるように，燃焼によって解放されたエネルギーは燃焼熱となって現れたが，その量は反応前後の化学エネルギーの総和の差であった(図 4.3)．実際，結合エネルギーから計算される燃焼熱と，実験的にメタンを燃焼させて得られる熱量の値はよく一致する．このことから，化学反応に伴う内部エネルギーの変化は，反応物質と生成物質の間のエネルギー差によってのみ決まることがわかる．しかしながら実際の燃焼において，すべての化学結合がいったん切断され，その後反応生成物の結合がつくられる，というようなことが常に起こるわけではない．すなわち，化学反応における反応熱(化学反応に伴って反応系と外界の間で交換される熱量のこと)の総和は，その反応の初めの状態と終わりの状態のみで決まり，途中の反応経路によらず一定である．これは，**ヘスの法則**，あるいは，**総熱量不変の法則**といわれるものである．この法則は熱力学第一法則から当然のこととして導かれる法則であるが，G.H. ヘスによって 1840 年に提案されたもので，歴史的にみると第一法則よりも前に発表されている．

c. 熱力学第二法則

「動的な現象は不可逆的な変化であり，エネルギーは一方向にのみ移動する」

熱は高温の物体から低温の物体へのみ移動し，逆方向に移動させるためには何らかの仕事が必要となる．このような仕事を行う装置を「ヒートポンプ」といい，冷蔵庫などの冷却装置はすべてヒートポンプであるといえる．また，力学的エネルギーや電気エネルギーを熱へと転化する反応は容易に起こるが，逆に，いったん熱になったものをすべて力学的エネルギーや電気エネルギーに戻すことはできない(図 4.6)．なぜなら熱を使って仕事を行うためには，エネルギーを移動させるために温度差が必ず要求され，高温の熱源を使って仕事を行う場合，必ず熱量

図4.6　熱力学の第二法則：エネルギーの移動は一方向
Q：熱量
W：仕事
q：微小な熱量

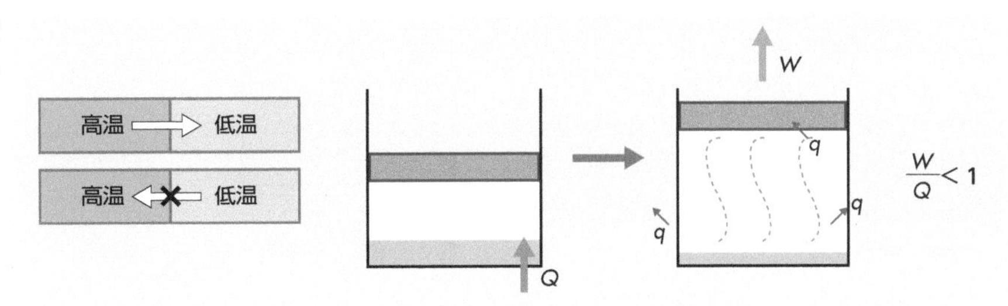

(Q)の一部(q)は低温の物体(放熱，容器の温度上昇など)に移動することになる(図4.6)．つまり，熱源が与えたエネルギー Q を100%仕事 W に変換することはできないのである($W/Q < 1$)．このことから熱エネルギーは，力学的エネルギーや電気エネルギーに比べて，仕事に利用できる，という観点から見て，価値の低いエネルギーということができる．エネルギーは高価値のものから低価値のものへ

エントロピーとは

エントロピーは物や熱において，系の内部運動の複雑さ，構成物質の拡散の程度を表す量である．色のついたインクを水に溶かして水溶液中で拡散させると，インクは全体に広がる(図)．このとき，インクの色は拡散して薄くなっていき，仕切りなどが存在しないかぎり，水溶液のある部分にとどまったり，どこか一部の色がだんだん濃くなったりすることはない．これは，インクのエントロピーが大きくなっていくためであり，1か所に偏っていくようなエントロピーが小さくなる動きは起こらない．

分子が自由に動き回る気体は，分子が結晶格子に束縛されている固体よりも，エントロピーが大きい．水のエントロピーは氷のときに最も小さく，水蒸気で最も大きい．拡散の度合いが最も小さい状態とは，結晶体の内部粒子がすべて整然と並んで静止している状態ということになり，これが絶対零度の概念となる．熱エネルギーはエントロピーの大きいエネルギーであり，他のエネルギーに変換する場合，熱力学第二法則に反したエネルギー移動を行わせ，エントロピーを小さくしなければならないため，そのための外部エネルギー(代わりにエントロピーが増大する反応)が必要となる．

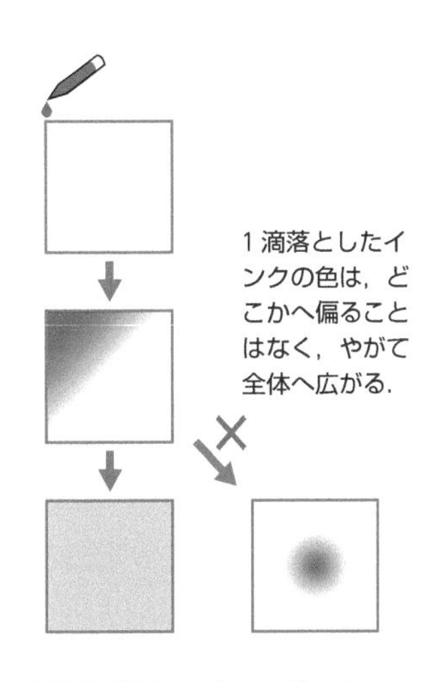

1滴落としたインクの色は，どこかへ偏ることはなく，やがて全体へ広がる．

図　エントロピー増大の法則

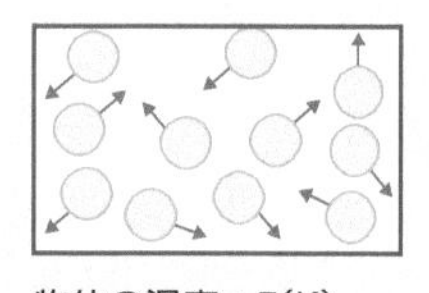

物体の温度：T(K)
原子の運動エネルギー＝Kt

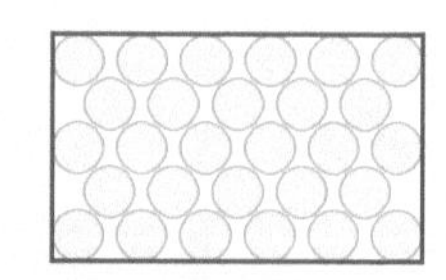

物体の温度：0(K)
原子の運動エネルギー＝0

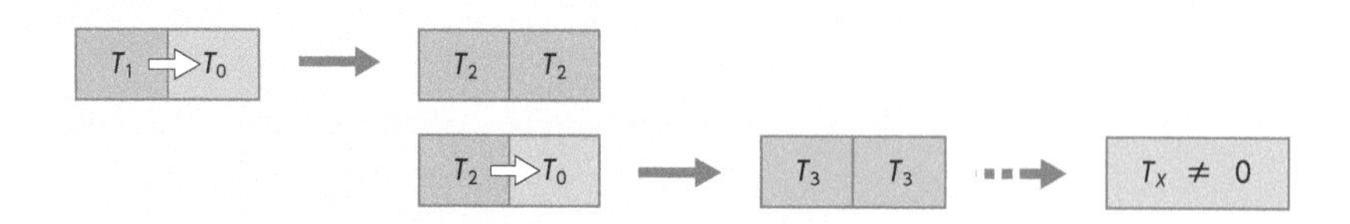

図4.7　熱力学の第三法則：絶対零度

と変換することは容易であるが，低価値のものから高価値のものへと変換すると必ず一部が熱として発散されてしまい，仕事への変換効率が100%に達することはない(しかし，熱として存在しているため系が保持するエネルギーの総和は一定である).

このように，エネルギーの移動する方向は一方向である，というのが熱力学第二法則である．動的な現象は，熱力学第一法則を満たしたうえで，さらに第二法則にしたがう過程のみが実際に起こる．このことは，自然界の物体は無秩序な状態へと進んでいく傾向がある，という**エントロピー増大の法則**から導かれる原理である．第一法則と異なり，これは確率的な法則である．すなわち，エネルギーの移動方向は微視的にみるとバラバラであるが，全体としてみると一方向のみに動いている．

d. 熱力学第三法則

「**熱平衡状態にある系では，エントロピーの値は絶対零度において常に0になる**」

この法則は，「有限回の操作によって絶対零度に到達することはできない」というネルンストの法則と同義である．絶対零度とは物体の構成原子が最も整然と配列され，原子のもつ熱エネルギーが0となり最も温度が低い状態である．物体を冷却するということはすなわち，(外部エネルギーを使って)熱を低温のものから高温のものへと移動させることであり，これを繰り返して絶対零度の物質を得ることになる．しかし，最も低温の物体は絶対零度なので，有限回の操作では絶対零度の状態に達することはできない(図4.7)．言い換えれば，絶対零度で熱平衡の状態にある物体をつくることはできない．このように絶対零度の物質を存在させることは事実上不可能であり，絶対零度の状態は超低温の物体の測定値から外挿して推定される．熱力学第三法則は第一法則と第二法則から容易に導ける結論である．

D. 生体におけるエネルギー

生体におけるエネルギーは，熱エネルギーと化学的エネルギーである．生体内

図4.8　ATPとGTPの構造
ATP：アデノシン5'-三リン酸($C_{10}H_{16}N_5O_{13}P_3$)
ADP：アデノシン5'-二リン酸($C_{10}H_{15}N_5O_{12}P_2$)
AMP：アデノシン5'-一リン酸($C_{10}H_{14}N_5O_7P$，アデニル酸ともいう)
GTP：グアノシン5'-三リン酸($C_{10}H_{16}N_5O_{14}P_3$)
GDP：グアノシン5'-二リン酸($C_{10}H_{15}N_5O_{11}P_2$)
P_i：リン酸(H_3PO_4)
PP_i：ピロリン酸($H_4P_2O_7$)
ΔG：自由エネルギー

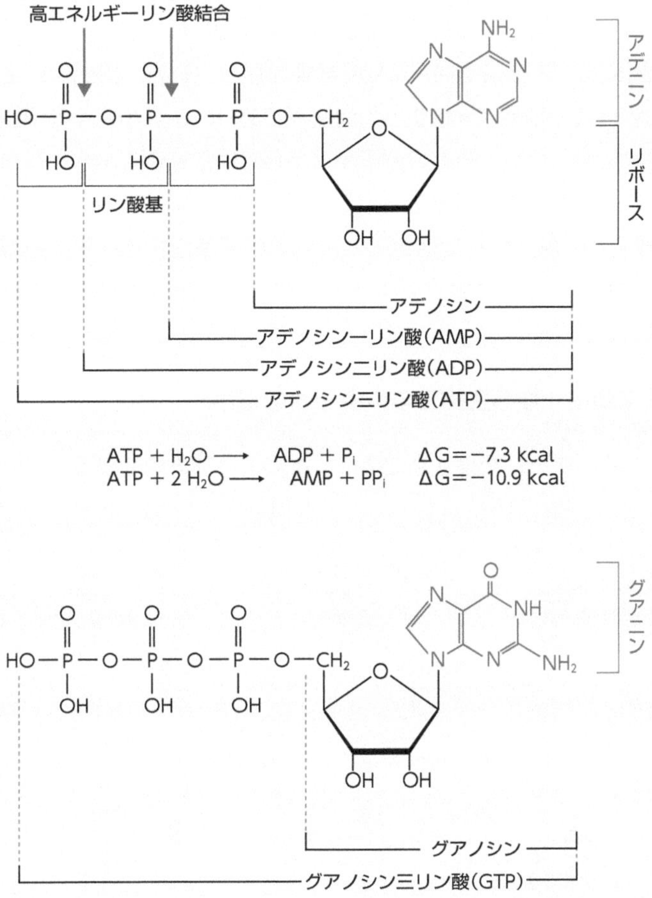

$$ATP + H_2O \longrightarrow ADP + P_i \quad \Delta G = -7.3\ kcal$$
$$ATP + 2\,H_2O \longrightarrow AMP + PP_i \quad \Delta G = -10.9\ kcal$$

ATPのリン酸を受け取って(GDPから)体内で合成される．

では，エネルギーはATP(アデノシン三リン酸，$C_{10}H_{16}N_5O_{13}P_3$)という分子に蓄えられている．ATPは核酸の一種であるアデノシンに3つのリン酸基が結合した分子である(図4.8)．リン酸同士の結合部は高エネルギーリン酸結合といい，これが分解されるときに1 molあたり7.3 kcal(約30 kJ)の自由エネルギー(仕事などに利用できる取り出し可能なエネルギーのこと)を生じる．ATPは生体内で起こるあらゆる反応(栄養素の輸送，酵素反応など)に利用されている．

4.3　食物のエネルギー

食物にはさまざまな化学物質が存在し，それらが栄養素として体内に取り込まれる．生体内に取り込まれた栄養素は，**同化**あるいは**異化**を経て生体に利用される．同化は取り入れた物質を複雑なものに変化させる過程で，たとえばアミノ酸からタンパク質を合成するような反応であり，自己の体構成成分をつくり出す過程である．同化の多くはエネルギー(ATP)消費を伴う．一方，異化は，化合物をより単純な化学構造の物質に分解する代謝過程であり，より小さくて単純な生産物まで分解されるのに伴い，もとの分子が保持していた結合エネルギーが解放される．このとき，分解反応に付随して起こるリン酸化反応(酸化的リン酸化)によって ATP が合成され，解放された結合エネルギーが貯蔵される．すなわち，異化は食物からエネルギーを生体内で ATP という形で取り出す生物のエネルギー生産反応であるともいえる．

A. 食物エネルギーから生体エネルギーへの変換

食物成分をエネルギーに変換するために，次のような段階を経る．まず，食物

図4.9 生体内でエネルギー源となるタンパク質，炭水化物，脂質の分類と生体内消化
炭水化物における分類は栄養表示基準に準拠した．

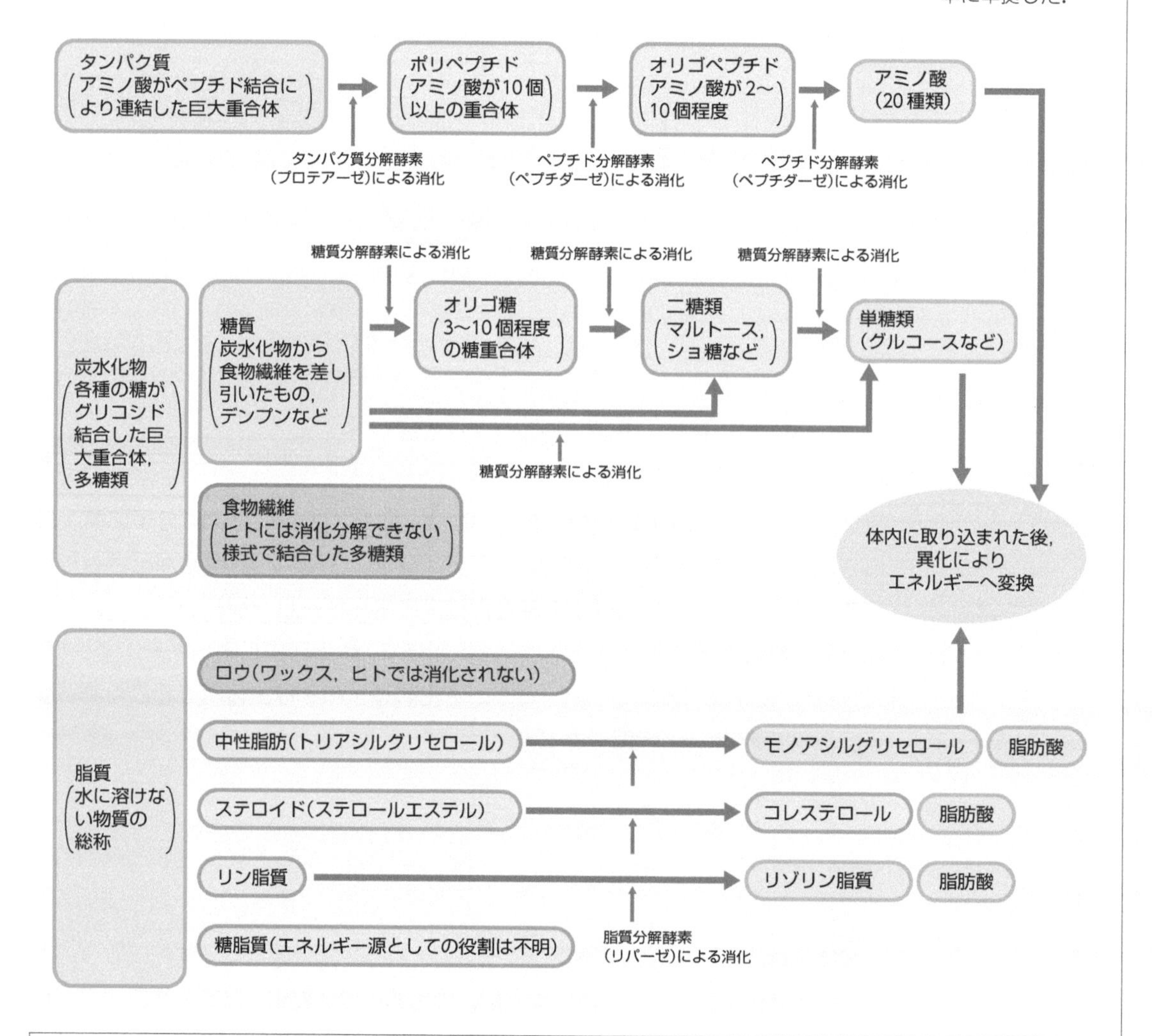

の主要成分であるタンパク質，糖質および脂質を消化管内で消化し，それぞれもとの大きな分子(多量体)から小さな構成単位であるアミノ酸，単糖，脂肪酸とモノアシルグリセロール(グリセロールまたはモノグリセリド．単量体)へと分解する．次にこれらの単量体を吸収し，小腸や肝臓などの細胞質でさらに小さな分子へと代謝分解する(図4.9)．最終段階はミトコンドリア内で起こり，アセチルCoA(コエンザイムエー)(CH_3COS-CoA)のアセチル基(CH_3CO-)が完全に分解されて二酸化炭素(CO_2)と水(H_2O)になる酸化分解反応，そしてそれに続いて起こる電子伝達系における酸化的リン酸化反応によるATPの合成である．大きな流れを図4.10に示した．

CoA：coenzyme A

動物細胞がエネルギーを得るための異化として，**解糖系**(解糖反応)および**クエン酸回路**といわれる代謝過程がある．無酸素的に進行する解糖系は，動物細胞が

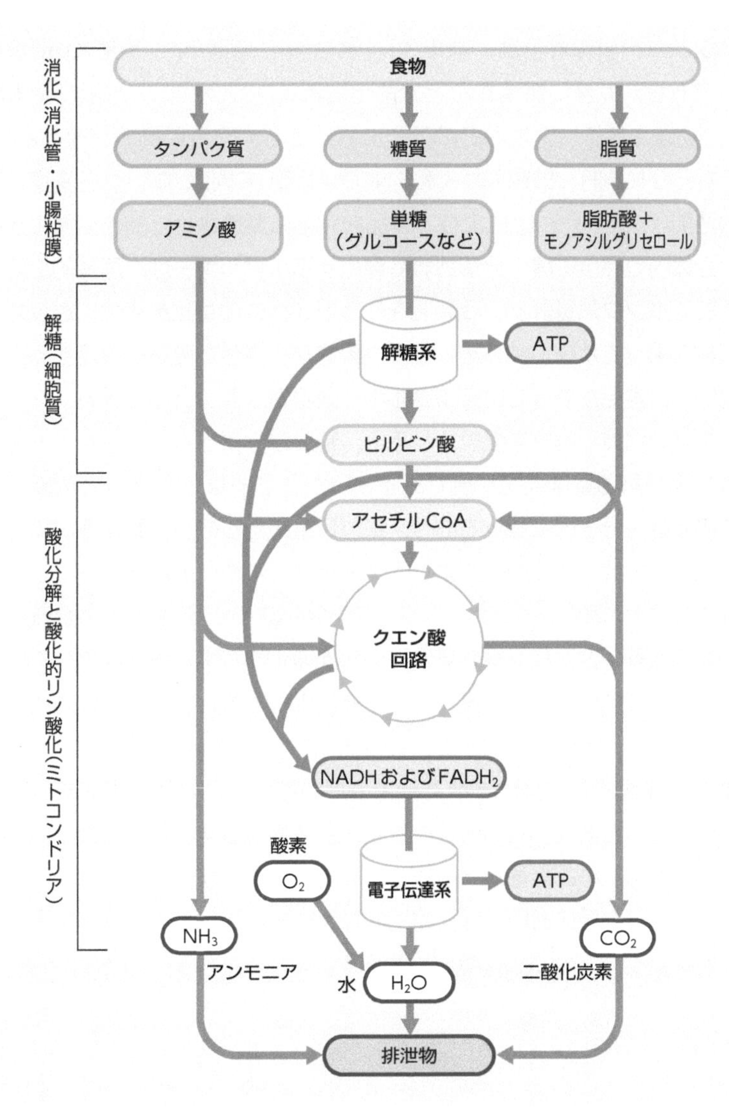

図4.10　食物からエネルギーを得る異化過程
NADH：ニコチンアミドアデニンジヌクレオチド
$FADH_2$：還元型フラビンアデニンジヌクレオチド

当座のエネルギーを得るための重要な異化の1つであり，脳で糖（グルコース $C_6H_{12}O_6$）をエネルギー源として使うなど，酸素を必要としない．一方，**クエン酸回路**は好気的な生化学反応経路であり，1937年にドイツの化学者ハンス・クレブスが発見した（クレブス回路あるいはTCA回路ともいう）．クエン酸回路はミトコンドリア内で起こる．解糖系ではグルコース（またはグリコーゲン*）をピルビン酸（$CH_3COCOOH$）に分解してエネルギーを得るが，クエン酸回路では，解糖により生じた糖由来ピルビン酸だけでなく脂質代謝により生じるアセチルCoAを異化してエネルギーを得ることができる．

＊　グルコースを貯蔵するために生体内で合成されるグルコース重合体．

B.　食物のもつエネルギー量

食品成分のうち，生体内でエネルギーへと変換される主要な栄養素である糖質，脂質，タンパク質の成分は，炭素（C），水素（H），窒素（N），酸素（O）によって構成されており，完全に燃焼すると二酸化炭素（CO_2）と水（H_2O）および窒素酸化物（NO_x）に変換される．生体内での異化においても，完全に反応が進むと H_2O と CO_2，ならびに NH_3（最終的には尿素 H_2NCONH_2 として排泄される）へと変換される．ヘスの法則（熱力学第一法則）により，食品を完全に燃焼させたときに発生する反応熱と，生体内で完全に酸化分解されて発生するエネルギーは，理論的に等しくなる．そこで**ボンブ熱量計**という装置を使って，目的の食品を完全に燃焼させ，発生する熱によって水を加熱しその温度上昇値から生じた熱量を評価するという方法を用いて，食品がもっているエネルギーを推定することができる．

同じ重量の糖質と脂質を燃焼させると，糖質から得られるエネルギー量に対し，脂質から得られる量は約2.5倍である（表4.1）．これは，もともと糖質が脂質より多くの酸素を分子内にもっており，単位質量あたりの分子数が多いにもかかわらず，完全に燃焼して二酸化炭素と水に変化するために外部から取り込む酸素量が少なく（つまり，反応前の結合エネルギーの総和が大きく），発生する燃焼熱が小さくなるためである．タンパク質も糖質に匹敵する化学エネルギーを有しているが，窒素を含むタンパク質を完全燃焼したときに生じる酸化窒素は生体内では生じず，尿素，尿酸（$C_5H_4N_4O_3$），クレアチン（1-メチルグアニジノ酢酸，$C_4H_9N_3O_2$．アミノ酸の一種）などに変換されて排泄されてしまう．つまり，タンパク質はすべて生体内でエネルギーへと変換されるのではなく，生体を構成する種々の分子へと形を変えて利用されるため，分子から解放されるエネルギーが少なくなっている．したがって，タンパク質においては，物理的な燃焼値に比べて生体エネルギー発生量

表4.1　主要栄養素の燃焼値

栄養素	物理的燃焼値(kcal/g)	平均消化吸収率(%)	生理的燃焼値(kcal/g)
糖質	4.10	98	4.0
タンパク質	5.65	92	4.0*
脂質	9.45	95	9.0

＊　タンパク質由来で尿中に排泄される窒素酸化物（NO_x）によるエネルギーの損失量1.25 kcal/gを差し引いた値である．

グルコースから生成されるエネルギー

食物分子から獲得できるエネルギー量について，グルコースを初期分子として考える(p.82 図)．

グルコース($C_6H_{12}O_6$)は，まず解糖系において 1 分子あたり 2 分子のピルビン酸($C_3H_4O_3$)に分解される．この過程では，2 分子の ATP が使用されるが，その後 4 分子の ATP および 2 分子の NADH が産生されるため，反応全体の収支としては ATP と NADH がそれぞれ 2 分子ずつ生じる．

$$C_6H_{12}O_6 + 2\,NAD^+ + 2\,ADP + 2\,P_i \longrightarrow 2\,C_3H_4O_3 + 2\,NADH + 2\,ATP + 2\,H^+$$

P_i：無機リン酸
NAD^+：ニコチンアミドアデニンジヌクレオチド酸化型
NADH：ニコチンアミドアデニンジヌクレオチド還元型

ピルビン酸はクエン酸回路の基質となり，補酵素 A(CoA，CoA-SH)と反応してアセチル CoA となる．

$$2\,C_3H_4O_3 + 2\,NAD^+ + 2\,CoA\text{-}SH \longrightarrow 2\,CH_3COS\text{-}CoA + 2\,CO_2 + 2\,NADH + 2\,H^+$$

生じたアセチル CoA のアセチル基がクエン酸回路によって CO_2 にまで分解される．

$$2\,CH_3COS\text{-}CoA + 6\,NAD^+ + 2\,FAD + 2\,GDP + 2\,P_i + 6\,H_2O \longrightarrow 4\,CO_2 + 6\,NADH + 6\,H^+ + 2\,FADH_2 + 2\,GTP + 2\,CoA\text{-}SH$$

GDP：グアノシン 5′-二リン酸
GTP：グアノシン 5′-三リン酸
FAD：フラビンアデニンジヌクレオチド

これらの反応には実際には 10 段階もの酵素反応がかかわっている(酵素については第 6 章 p.126 参照)．このようにしてピルビン酸がすべて分解され二酸化炭素(CO_2)と水素イオン(H^+)へと変換されると，2 分子の GTP，8 分子の NADH，さらに 2 分子の $FADH_2$ が産生される．GTP は ATP と同等のエネルギー貯蔵分子である(図 4.8)．

クエン酸回路では直接 ATP をつくることはできず，生じた「還元型補酵素」である NADH と $FADH_2$ を酸化することで ATP 合成を行う．還元型である NADH と $FADH_2$ は，電子伝達系において酸素と反応し NAD^+ と FAD に酸化される．この酸化に共役して ATP 合成酵素がはたらき，ADP と P_i から ATP が合成される．この一連の反応を「酸化的リン酸化」という．1 分子の NADH からは 2.5 分子の ATP が，1 分子の $FADH_2$ からは 1.5 分子の ATP が合成される．

したがって，グルコース 1 分子が完全に変換されると，合計で 32 分子の

ATP が産生されることになる．ただし，NADH を ATP に変換するために電子伝達系へ輸送する経路によっては 2 分子の ATP が輸送上で損失し，最終的に 30 分子の ATP を得ることになる．このように食物エネルギーが生体エネルギーへと変換されていく．

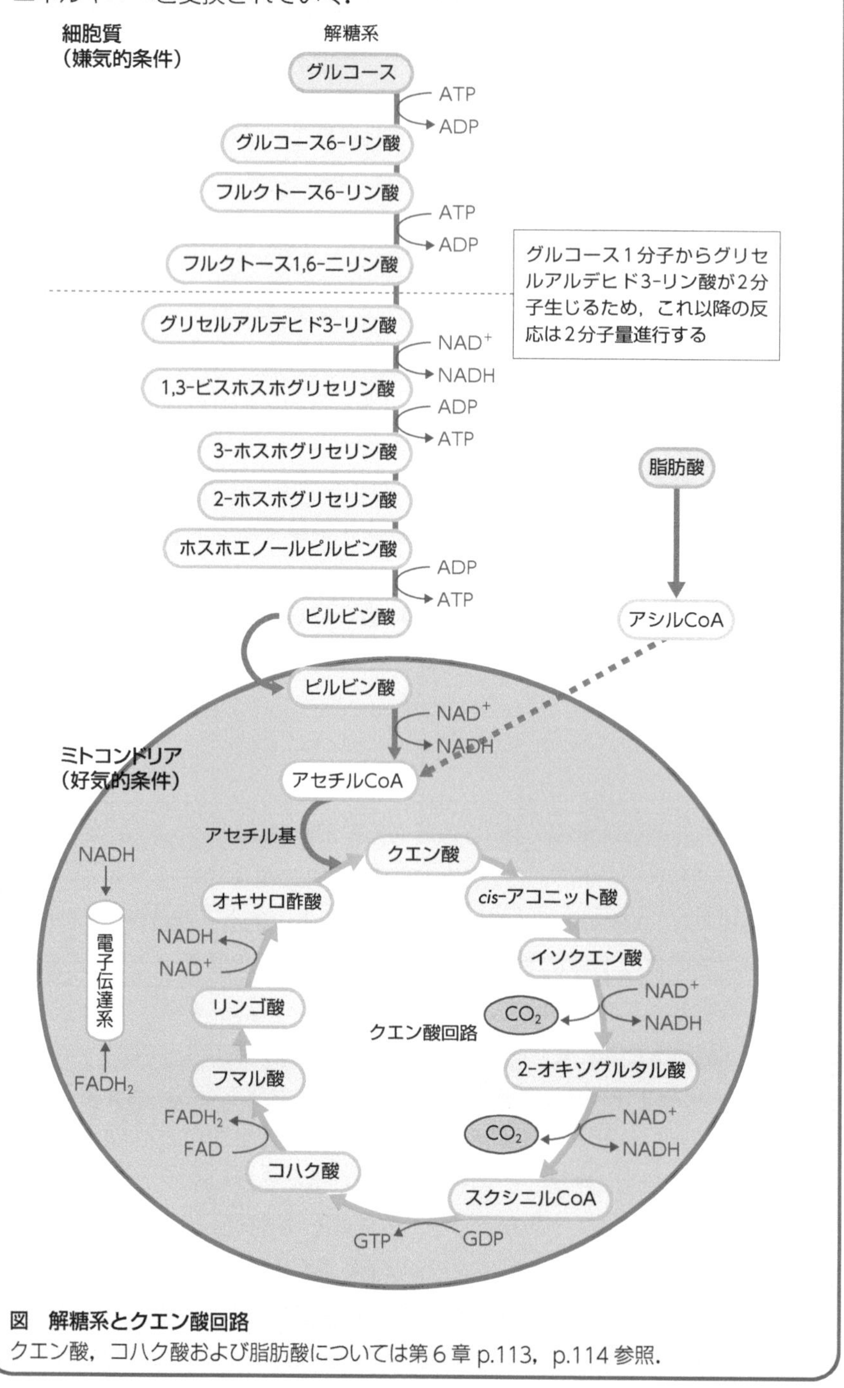

図　解糖系とクエン酸回路

クエン酸，コハク酸および脂肪酸については第 6 章 p.113，p.114 参照．

エネルギー産生栄養素以外のエネルギー源

食品には，糖質，タンパク質，脂質以外にもエネルギーを発生する成分が存在する．それらのエネルギー換算係数は以下のようになる．

アルコール*			7 kcal/g
有機酸（酢酸 CH_3COOH，クエン酸 $C_6H_8O_7$ など）			3 kcal/g
食物繊維	大腸に到達して完全に発酵されるもの		2 kcal/g
	発酵分解を受けないもの		0 kcal/g
	発酵分解率が明らかなもの	25%未満のもの（寒天，セルロースなど）	0 kcal/g
		25%以上75%未満のもの（難消化性デキストリンなど）	1 kcal/g
		75%以上のもの（小麦胚芽，難消化性デンプン）	2 kcal/g

* 炭化水素（メタン CH_4 のような炭素と水素のみでできた化合物）の水素原子を，ヒドロキシ基（-OH）で置き換えたものの総称で，エタノール（C_2H_5OH）など．

はかなり小さい．

さらに，食品を摂取した場合，そのすべてが消化され100%吸収されるわけではないため，その誤差を補正する必要がある．そのような補正を行った値を**生理的燃焼値**（生理的熱量）という（表4.1）．食物のエネルギーを算出するために用いられる生理的燃焼値は一般食品では「日本人における利用エネルギー測定調査」の結果に基づく係数や「FAO/WHO合同特別専門委員会」の係数を適用するが，これらが明らかでない食品には「アトウォーター係数」を適用する．アトウォーター係数は，糖質，タンパク質，脂質に対してそれぞれ，4 kcal/g，4 kcal/g，9 kcal/gである．エネルギー産生栄養素（三大栄養素）以外にも，成分ごとに特定のエネルギー換算係数を用いてエネルギー総量を求める方法を**修正アトウォーター法**という．一般の加工食品を対象とする栄養表示基準においては，エネルギー総量はアトウォーター係数を用いて算出することになっている．

C. 生体におけるエネルギーの貯蔵

食品は消化管内で消化され，体内に吸収されてそれぞれの成分に相当するエネルギーを与えることができる．しかし，摂取し体内へ吸収したものすべてが直ちにエネルギー，つまりATPへと変換されるわけではない．食物由来のエネルギーがすぐにATP合成に利用されない場合，グルコースと脂肪酸という，エネルギー源となる分子を必要なときまで蓄えておくための化合物，すなわちグリコーゲンやトリアシルグリセロールが合成されて貯蔵される．

すでに述べたように，ATPは糖質，タンパク質，脂質が完全に代謝され燃焼されたときに生じるエネルギーを化学エネルギーへと変換した形であり，これは核酸合成や，糖質，タンパク質，脂質の代謝，筋肉の運動のための生体内で必要なエネルギーなどに利用されている．ATP は常に細胞内に存在しており，恒常的なエネルギー源となっているが，その量には限りがあるため，常に異化によって ATP を供給し続けなければならない．

グリコーゲンは動物体内に存在する多糖類であり，植物におけるデンプンに相当する貯蔵物質である．その構造はグルコースがグリコシド結合（α1→4 結合およびα1→6 結合．6.3 節参照）によって重合し，多くの分枝をもつ高分子体である．グリコーゲンは食物として摂取された単糖類やグリセロールなどから生合成され，肝臓や筋肉中に特に多量に存在している．肝臓グリコーゲンは体内のエネルギー保存の役割を果たし，余剰の糖を一時的に貯蔵している．筋肉グリコーゲンは，筋収縮のエネルギー源として利用されている．グリコーゲンは分解されるとそのままグルコースになるため，解糖系にすぐに利用できエネルギーとして使われやすい貯蔵体である．短距離走など無酸素運動を行うとき，グリコーゲンは嫌気的な解糖反応による ATP 産生に利用され，筋収縮エネルギーを供給している．一方，中長距離走などの有酸素運動では，好気的なクエン酸回路が作動し持続的に ATP を供給する．

一方，食物から摂取した脂質や，体内で糖質から生合成された脂質は肝臓や脂肪組織に貯蔵される．全身におけるエネルギー貯蔵の点においては，グリコーゲンに比べるとエネルギーに変わるのに時間がかかり，また酸素を大量に消費するものの，蓄えられるエネルギー量は大きい．また，グリコーゲンの貯蔵には限度があるが，脂肪組織における脂肪貯蔵の許容量は極めて大きい．脂肪細胞に蓄えられる脂質は，長鎖脂肪酸のトリアシルグリセロールの形をしており，脂質からばかりではなく糖からも生合成される．脂質は，生体が生命維持に要するエネルギーに対しエネルギー摂取量がエネルギー消費量を上回った場合に，脂肪組織に貯蔵される．貯蔵脂肪からエネルギーを得るには，グリセロールと脂肪酸に加水分解してから，脂肪酸をさらに分解し（β酸化），アセチル CoA にしなければならない．

日常生活において消費されるエネルギーは，基礎代謝エネルギーと活動エネルギー，さらに割合は小さいが食事誘発性熱産生*で失われる熱量の 3 種から構成される（成長期には発育に必要なエネルギーがさらに消費される）．基礎代謝量は成人期以降，加齢とともに減少するため，それに合わせてエネルギー摂取量をコントロールする必要がある．脂肪組織はエネルギー貯蔵ばかりでなく，内分泌組織としての機能もあることが明らかになってきており，生理的に重要な役割を果たしている．一方で，脂肪貯蔵が過剰に起こると肥満をひき起こし，生活習慣病などの原因となることから，エネルギー摂取量をコントロールしエネルギー消費量とのバランスを保つことが現代の食生活では重要となる．

＊　食事をした後，安静にしていても代謝量が増大すること．

エネルギー摂取量と肥満

現代社会においては，生活習慣病を予防することに大きな関心が集まっている．肥満は生活習慣病をはじめとする種々の疾患の危険因子となるため，これを予防することは健康維持にたいへん重要である．近年では，遺伝的に肥満になりやすい体質が存在することが知られてきているものの，肥満の原因にはやはり食習慣が大きな割合を占める．肥満予防を含め，健康や美容のために食事の質や量をコントロールすることを「ダイエット(する)」という．

ダイエットの一般的な目的は痩身(そうしん)であったり，内臓脂肪を減少させることであったりすることが多い．ダイエットによる痩身の基本的な考え方は，「基礎代謝によるエネルギー消費量＋運動や活動によるエネルギー消費量」を変えない(変えられない)ときに「食事によるエネルギー摂取量」を少なくすることである．また，食事間隔を大きく開けるとその中間が一時的な飢餓状態になり，次回の食事時に栄養吸収率が上がるため，1日の総エネルギー摂取量が同じであれば回数が少ないと体重増につながりやすいと考えられている．そのため，総エネルギー摂取量を減らすことなく，食事回数を増やして，空腹期間を減らしてダイエットする，ということもなされている．

(　　)に入る適切な語句を答えなさい．

1) エネルギーとは，(　　)をする量を表す．

2) エネルギーには大きく分けて(　　)エネルギーと(　　)エネルギーがある．

3) 物体の運動の前後，化学反応の前後などにおいて，その途中の過程によらずエネルギーは(　　)される．

4) エネルギーは，高温熱源から低温熱源へなど，(　　)が増大する方向に移動する．

5) 食物のエネルギーは栄養素が有する(　　)であり，解糖系およびクエン酸回路による栄養素の異化を介して，(　　)へと変換される．

6) 生体内のエネルギーは，(　　)運搬体である(　　)を通して利用される．

5. 無機化合物

ジョゼフ・プリーストリー（1733～1804）
イギリスの化学者．酸素の発見者であり，その気体の中でハツカネズミが長生きすることも発見した．

5.1 無機化合物の化学構造

無機化合物（無機物）とは，炭素（C）を含まない化合物や，簡単な炭素化合物（ダイヤモンドなどの炭素同素体や金属元素の炭酸塩（CO_3^{2-}）を含む化合物）などをさす．無機化合物中には多様な元素が存在し，共有結合，金属結合，イオン結合などが1種ないし混合して分子内に存在し多様な分子構造をとる．そのため，有機化合物とは異なり，無機化合物全体に共通する性質を見いだすのは難しい．

一般的に無機化合物は，格子という繰り返し構造の結晶として存在している（図5.1）ため，目に見える結晶となる．食塩やさまざまな鉱物（宝石の結晶など）がその例である．

結晶構造	面心立方格子（岩塩型構造）	六方格子	三斜格子
			$\alpha, \beta, \gamma \neq 90°$
代表的な無機化合物	塩化ナトリウム（NaCl） 石英（SiO_2） ダイヤモンド（C）	ヒドロキシアパタイト（$Ca_5(PO_4)_3(OH)$） 黒鉛（C）	硫酸銅（$CuSO_4$）

図5.1 無機化合物の構造例

5.2 身の回りに存在する無機化合物の特徴

一般にミネラルというと，鉱物をさす用語であるが，栄養学，食品学などでは生体内で有機化合物をおもに構成する炭素(C)，水素(H)，酸素(O)，窒素(N)以外の元素を**無機質**(ミネラル)という(表5.1).

ここではまず，無機化合物としての炭素，ケイ素(Si)，窒素，および酸素について解説する.

表5.1 有機化合物と無機化合物

	おもな特徴
有機化合物	おもに炭素(C)，水素(H)，酸素(O)，窒素(N)からなる高分子化合物 構造の一部に無機質を含むことがある 例：リン脂質(脂質＋リン)，ヘモグロビン(タンパク質＋鉄)
無機化合物	炭素以外の元素による化合物 炭素のみから構成される化合物(炭素同素体，図5.2)や，低分子の炭素化合物も無機化合物に含まれる 例：二酸化炭素(CO_2)，炭酸(H_2CO_3)など

A. **炭素**(C，原子番号6，原子量12.01)

炭素は最も古くから単体として知られている元素の1つである．元素記号C(英語名carbon)はラテン語で「炭」を意味するcarboに由来する．単体の炭素のみから構成されるものとして，マグマ中の炭素が高温・高圧下で結晶化したダイヤモンド，天然に産出する黒鉛，炭や煤(すす)といった無定形(非結晶)炭素，分子カプセルとして注目されているフラーレンなどが無機化合物として知られている(図5.2)．これらは融点や沸点が高く，化学的にも安定である．このように，同じ元素からなる単体で性質の異なるものを互いに**同素体**という.

ダイヤモンドと黒鉛の違いは，炭素原子同士の結合の違いによる．ダイヤモンドの炭素原子は4つの炭素原子とsp^3混成軌道による共有結合をし，三次元的

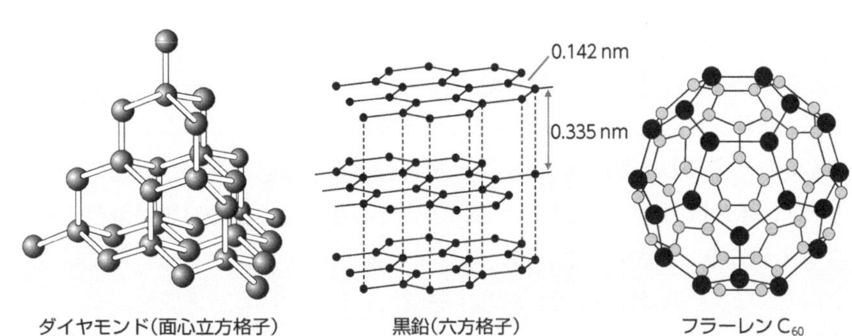

図5.2 炭素の同素体(ダイヤモンド，黒鉛，フラーレン)の構造
ダイヤモンドはsp^3混成軌道.
黒鉛はp軌道の電子1個が残っており，自由電子的な挙動をとる．sp^2混成軌道に限りなく近い.

な立体構造を形成しており，炭素間の共有結合は非常に強固なので，ダイヤモンドの結晶は固い．一方，黒鉛ではダイヤモンドとは異なり，1 つの炭素原子に 3 つの炭素原子が sp^2 混成軌道に類似して共有結合しており，六角形のタイルを敷き詰めたような平面的な構造を形成している．この平面が 0.335 nm という間隔で規則正しく積み重なって，立体構造を形づくっているが，この距離が共有結合の距離(0.142 nm)よりも長いので，平面間の結合は弱い．したがって，黒鉛は薄片としてはがれやすい．無定形炭素は六角形タイルの小さいシートが乱雑に折りたたまれた構造をとっている．黒鉛は結合に使われない電子が金属結合のように自由電子として存在するので，電気伝導性があり，乾電池の芯の電極として使われるだけでなく，アルミニウムの電解精錬*にも不可欠である．

* 電気分解を利用する金属の精錬法．

炭素を燃焼させると，二酸化炭素(CO_2)を生じる．二酸化炭素は，水に比較的容易に溶け，弱酸性の炭酸を生じるので，炭酸ガスともいう．二酸化炭素は −78.5 ℃以下にすると直接固体になり，この固体はドライアイスという．酸素が少ない状況で炭素を燃やすと一酸化炭素(CO)を生じる．一酸化炭素は血液中のヘモグロビンと強固に結合し，離れないので，酸素の運搬を妨げる．これが一酸化炭素中毒のメカニズムであり，空気中に 0.03%以上の一酸化炭素が含まれると意識障害が生じ，死に至る．

このほかの炭素を含むエタノール(CH_3CH_2OH)などの多くの化合物は，有機化合物である．

B. **ケイ素**(Si，原子番号 14，原子量 28.09)

砂や珪石(けいせき)はほぼ純粋なケイ素(Si)化合物であり，主成分は二酸化ケイ素(SiO_2)である．岩石の多くはケイ素化合物なので，ケイ素は地殻中で酸素に次いで 2 番目に多く存在する元素である(全体の 1/4)．極めて純度の高いケイ素は半導体となるので，集積回路の基板に用いられている．

二酸化ケイ素の結晶は水晶ともいい，結晶状態にならない無定形二酸化ケイ素の代表は石英(せきえい)である．珪砂(けいしゃ)は石英が細かくなったものだが，1,700 ℃以上にして溶かし，これを冷却すると石英ガラスができる．石英ガラスは熱に強く，電気ストーブなどの放熱管に使われる．高純度の石英ガラスを髪の毛ほどの太さに引き延ばしたものが光ファイバーである．

固体を融解させた後，冷やして固化した場合に，塩化ナトリウムのように結晶化する場合と石英のように無定形になる場合がある．結晶状態にない固体を一般にガラス，またはガラス状態というが，古代に石器として使われた黒曜石も天然のガラスである．現代のガラスは，珪砂に炭酸ナトリウム(Na_2CO_3)や炭酸カルシウム($CaCO_3$)を適切な割合で混合し，融解して軟らかいうちに成形，固化したものである．

C. 窒素（N，原子番号 7，原子量 14.01）

空気の 4/5 は窒素（N_2）であるが，窒素自体は反応性に乏しく，酸素（O_2）のように助燃性がない．これは窒素原子同士の結合が非常に強固であるためである．元素記号 N（英語名 nitrogen）は硝石（しょうせき）（ラテン語 nitrum）の成分として窒素が含まれていることに由来している．

窒素は−196℃で液化するので，この液体窒素は他のものを−196℃に冷却することが可能であり，反応性に乏しく安全であることから冷却剤として汎用されている．

窒素化合物として天然に産出するのは硝石である．これはほぼ純粋な硝酸ナトリウム（$NaNO_3$）であり，そのまま肥料として使われたり，硫酸（H_2SO_4）と反応させて硝酸（HNO_3）を合成したり，火薬や染料にも利用されてきた．

工業的に最も著名な窒素化合物はアンモニア（NH_3）である．空気中の窒素を代謝して生物学的に利用できるようにすることを窒素固定というが，窒素は無尽蔵に存在するものの，反応性に乏しく，そのまま有機化合物に取り込まれることはない．自然界で行われている窒素固定は，マメ科食物の根に寄生する根粒菌によるものと，空中放電（雷）が主である．前者は窒素をアンモニアに直接還元できるニトロゲナーゼという酵素が担っている．後者は窒素の酸化を触媒し，一酸化窒素（NO），硝酸や亜硝酸イオン（NO_2^-）を生成する．大部分の植物やある種の微生物は，窒素酸化物をアンモニアに還元できる酵素をもっているので，窒素酸化物も生物学的に利用可能な窒素化合物といえる．

硝石を原料とした窒素肥料は近代農業の発展に大きく寄与したが，19 世紀半ばころ，天然硝石資源の枯渇（こかつ）からこのままでは人類は食料危機にさらされるとの懸念が生じていた．そこで，人工的に空気中の窒素を固定できないかという種々の試みがなされ，1906 年に初めて工業的な窒素固定に成功した．これは空中放電による高温での窒素酸化であり，**電弧（でんこ）（アーク）法**といわれたが，この方法では多量の電力が必要であるという欠点があった．続いて，窒素と水素からアンモニアを生成する反応が精力的に研究され，鉄を主成分とする触媒とともに低温・高圧で反応させると高収率でアンモニアが得られるという新しいアンモニア合成法が確立された．この方法は，開発に尽力した研究者の名前にちなんで，**ハーバー-ボッシュ法**といわれている．今日でもアンモニアや硝酸などの窒素無機化合物は，この方法の原理を利用して生産されている．

アンモニアは刺激性のある無色の気体で，水によく溶け（0℃，1 kg の水に約 900 g），弱い塩基性を示す．アンモニアの硫酸塩（硫酸アンモニウム，$(NH_4)_2SO_4$）は窒素肥料として利用されている．アンモニアは，硝酸や亜硝酸などの窒素化合物の原料としても工業的に利用されている．

硝酸は，塩酸，硫酸とならぶ著名な強酸で，有機化合物のニトロ化試薬として利用されており，火薬，染料，医薬品，農薬の合成に欠かせない薬品である．

窒素はさまざまな酸化数を取りうるため，亜酸化窒素(N_2O)，一酸化窒素(NO)，三酸化二窒素(N_2O_3)，二酸化窒素(NO_2)，五酸化二窒素(N_2O_5)，三酸化窒素(NO_3)の，計 6 種類の窒素酸化物が存在する．これらを総称して NO_x(ノックス)といい，大気汚染の指標として用いられている(主要な大気汚染物質は二酸化窒素である)．一酸化窒素は生体内でも合成され，血管拡張や免疫応答などの生理機能にも関与している．

D. **酸素**(O，原子番号 8，原子量 16.00)

1774 年，イギリスのプリーストリーはガラス容器内に入れた酸化水銀(HgO)を加熱して，酸素(O_2)の単離に成功し，酸素中では空気中よりも物質がよく燃えることを発見したが，酸素が何をしているのかを明らかにすることはできなかった．同じころスウェーデンのシューレも酸素を発見していた．1774 年，フランスのラボアジェは金属を燃焼させると質量が増加し，その分だけ，空気の質量が減ることから，燃焼とは空気中の酸素が結合する反応であることを明らかにした．ラボアジェはこの酸素をギリシャ語で「酸味のある」という意味の oxy と「生じる」を意味する genneo から，oxygen と名づけた．

空気の 1/5 は酸素であり，地殻中にも化合物(酸化物)として多く存在し，最も多い元素(全体の 1/2)である．通常は酸素分子(O_2)として存在するが，紫外線照射でオゾン(O_3)に変化する．オゾンは酸化力が強く，有害であるが，地表近くにはほとんど存在しない．成層圏に存在するオゾン層には多く含まれ，特に有害な短波長の紫外線から地球上の生物を保護している．

酸素は生物にとっても必須であり，呼吸によって取り込まれ，酸化によって栄養成分からエネルギーを発生させることを助けている．

5.3 無機化合物として生体を構成している無機質

地球の生命体は，育った地域の地球表面に存在するほとんどの元素を体内に含んでいる．前述のように，有機化合物を主として構成する炭素，水素，酸素，窒素以外の元素はすべて無機質(ミネラル)という(表 5.2)．食品を 500℃以上の高温で加熱すると，有機化合物はすべて燃焼して水や二酸化炭素などに変化して気体として除去されてしまう．一方，金属元素などの無機質は燃焼しても気体にはならないため，固体として最後に残る．これを食品学においては灰分(かいぶん)という．灰分のおもな構成成分であり，食品中に多量に存在する無機質として，日本食品標準

表5.2 五大栄養素における無機質の存在

	構造的特徴	構成元素	
		主要なもの	その他(無機元素)
炭水化物	単糖($C_nH_{2n}O_n$)が重合したもの	C, H, O	
タンパク質	アミノ酸($RCH(NH_2)COOH$)が重合したもの	C, H, O, N	S(含硫アミノ酸)
脂質	脂肪酸(R-COOH)を構成成分とするものが多い	C, H, O	P(リン脂質)
ビタミン	(p.103 コラム参照)	C, H, O, N	S, P, Co
無機質(ミネラル)	無機化合物として含まれるのは体液中のイオン(Na^+, K^+, Cl^-など), 骨(ヒドロキシアパタイト)が大部分であり, それ以外は有機化合物と共存している(例：酵素の活性中心など)	Ca, P, Na, K, Clなど(表5.3参照)	

成分表ではカルシウム，マグネシウム，カリウム，ナトリウム，リン，鉄，亜鉛，銅，マンガンを取り扱っている．食品中と同様に，生体内にはさまざまな無機質が存在し，多様な役割を果たしている．

A. 必須無機質

もともとは生命体，すなわち有機体を構成する主要物質，つまり「血や肉」を構成するものが有機物といい，一方で非生命体，すなわち石などの鉱物を無機物といっていた．現在では，有機物ばかりでなく無機物もまた，生命の維持に必須であることが明らかになっている．

生体内に存在する主要元素の含量を表5.3に示している．人体に含まれる無機

表5.3 人体に存在する標準的な必須元素含量

＊1　ケイ素の含有量は，一説によると1.0 g程度である．

＊2　ビタミンB_{12}(シアノコバラミンの重量)として．

注：1972年のIAEA発表データの一部を掲載しているが，セレンについては，データがないため他より補足している．

	元素	体内量(g/70 kg)	重量(%)	日本食品標準成分表記載	日本人の食事摂取基準記載
おもに生体内で有機化合物をつくる	酸素(O)	43,000	61		
	炭素(C)	16,000	23		
	水素(H)	7,000	10		
	窒素(N)	1,800	1.6		
無機質	カルシウム(Ca)	1,000	1.4	○	○
	リン(P)	780	1.1	○	○
	硫黄(S)	140	0.2		
	カリウム(K)	140	0.2	○	○
	ナトリウム(Na)	100	0.14	○	○
	塩素(Cl)	95	0.12		
	マグネシウム(Mg)	19	0.027	○	○
	ケイ素(Si)[*1]	18	0.026		
	鉄(Fe)	4.2	0.006	○	○
	フッ素(F)	2.6	0.0037		
	亜鉛(Zn)	2.3	0.0033	○	○
	銅(Cu)	0.072	0.0001	○	○
	ホウ素(B)	<0.048	0.00007		
	ヨウ素(I)	0.013	0.00002	○	○
	マンガン(Mn)	0.012	0.00002	○	○
	ニッケル(Ni)	0.01	0.00001		
	モリブデン(Mo)	<0.0093	0.00001	○	○
	クロム(Cr)	<0.0018	0.000003	○	○
	コバルト(Co)	0.0015	0.000002		○[*2]
	セレン(Se)	0.013		○	○

質はタンパク質，脂質などと比べると少量で全体の数%であるが，生命の維持に必須である．生物に必須あるいは必須である可能性が高い無機質元素は 26 種類程度あり，そのうち 16 種類についてはヒトにおいて必須であることが証明されている．必須無機質以外にも生体には多くの微量元素が存在している．これらは現在の科学では，一部を除いて生体における役割が知られておらず必須だとは認められていないが，将来研究が進めば，重要な新しい役割が見つかるかもしれない．

ヒトに必要不可欠な必須無機質のうち以下の 13 種(およびビタミン B_{12} としてのコバルト)については，日本人の食事摂取基準の無機質として策定されている．

多量元素：ナトリウム，カリウム，カルシウム，マグネシウム，リン

微量元素：鉄，亜鉛，銅，マンガン，ヨウ素，セレン，クロム，モリブデン

ここでいうところの「微量元素」とは，単に生体内の存在量が少ないものを分類しているだけで，生体における栄養学的な重要性に優劣があるわけではない．

B. 無機質の恒常性維持

無機質は生体内で生合成されないため，体内レベルを正常に保つために食事からの吸収と排泄のバランスは厳密に調節されている．無機質には小腸および腎臓に特異的な輸送担体が存在するものが大部分であり，それらを介して吸収と排泄が行われている．正常な状態においては，食品からの摂取量が過剰になると消化管での吸収効率が下がるとともに，尿，胆汁，汗などへの排泄が促進される．一方，体内の無機質量(および血中濃度)が減少すると，吸収効率が上昇し，腎臓での再吸収が高まって排泄も抑制される．このようなバランスが，消化管や腎臓の疾患，あるいは極度の欠乏食の長期にわたる摂取などにより崩れると，恒常性が維持できなくなり欠乏症や過剰症(毒性)がひき起こされる．また，無機質同士の量的バランスも生体内での正常なはたらきを保つために重要である．したがって，単一のミネラルだけを過剰に摂取するサプリメントなどの利用には注意が必要である．

5.4 生体内での無機質のはたらき

カルシウムイオン(Ca^{2+})などの金属元素や，ヒドロキシアパタイト($Ca_5(PO_4)_3(OH)$)などの無機化合物は，生体内のさまざまな場所で多様な生理的役割を果たしている．生体内に存在する無機質の大部分は骨や歯に集中しており，その主要な役割は骨格としての生体構造の維持である．それ以外の無機質の多くは，体液中で電解質として存在し，浸透圧調節や pH の恒常性維持など，体内環境を適切に維持

食品における無機質の測定

食品には，タンパク質，糖質，脂質など多くの成分が含まれている．わが国においては，私たちが毎日摂取している食品における栄養成分の含有量が分析され，「日本食品標準成分表」として発表されている．当該成分表に報告されている食品に含まれる無機質の含有量は，原子吸光分析法や，誘導結合プラズマ発光分析法(ICP-AES)などにより定量されている．

原子吸光分析法では，金属元素が蒸気状になっているところに光を透過させると，金属元素における電子は基底状態から励起され，そのときその元素特有の波長の光が吸収される．このとき吸収された光量を測定すれば，その元素の定量が可能になる．このような方法は，食品に含まれる金属の含有量をpg/mL～μg/mLの範囲で測定することができる．ICP-AESは，溶液試料を霧状にしたところへプラズマ(ICP)を照射して原子吸光を測定することができるため，試料作成が容易であることが利点である．

する重要な役割を果たしている．また，ヘム鉄(ヘム中の鉄)のように無機質のあるものは有機化合物と結びついて存在しており，タンパク質である酵素やその他の生理活性物質と結びついて活性発現に必須の構成成分となっている．

A. **カルシウム**(Ca，原子番号20，原子量40.08)

カルシウム(Ca)は，アルカリ土類金属に分類される元素であり，天然には石灰岩(炭酸カルシウムを主成分とする)などに含有されている．カルシウムの元素記号Ca(英語名calcium)は「石，砂利」を意味するラテン語のcalxに由来する．2価のイオン性化合物をつくる性質があり，塩化物，臭化物，ヨウ化物，硝酸塩，酢酸塩などは水に溶けやすいが，フッ化物，硫酸塩，リン酸塩，炭酸塩，ケイ酸塩，多くの有機酸塩などは，水に溶けにくい，もしくは溶けないという性質をもつ．たとえば，水酸化カルシウム水溶液($Ca(OH)_2$，石灰水)に二酸化炭素(CO_2)を加えると，炭酸カルシウム($CaCO_3$)の沈殿が生じる．

カルシウムはリン(P)とともに，人体に最も多く存在する無機質である．これらのほとんど(Caの99%，Pの80%程度)は，骨や歯という硬組織に存在している．その構造はリン酸カルシウム($Ca(H_2PO_4)_2$，$CaHPO_4$，$Ca_3(PO_4)_2$)であり，主としてヒドロキシアパタイトとして存在している．リン酸カルシウムは骨重量の約40％を占め，骨組織中に結晶化して存在し，骨の強度を維持している．

生体内のカルシウムのうち，1%ほどは体液や軟組織の細胞質に遊離イオンや有機酸塩，無機酸塩として，あるいはタンパク質と結合して存在している．カルシウムイオン(Ca^{2+})は，細胞内情報伝達や筋肉の収縮などに重要な役割を果たし

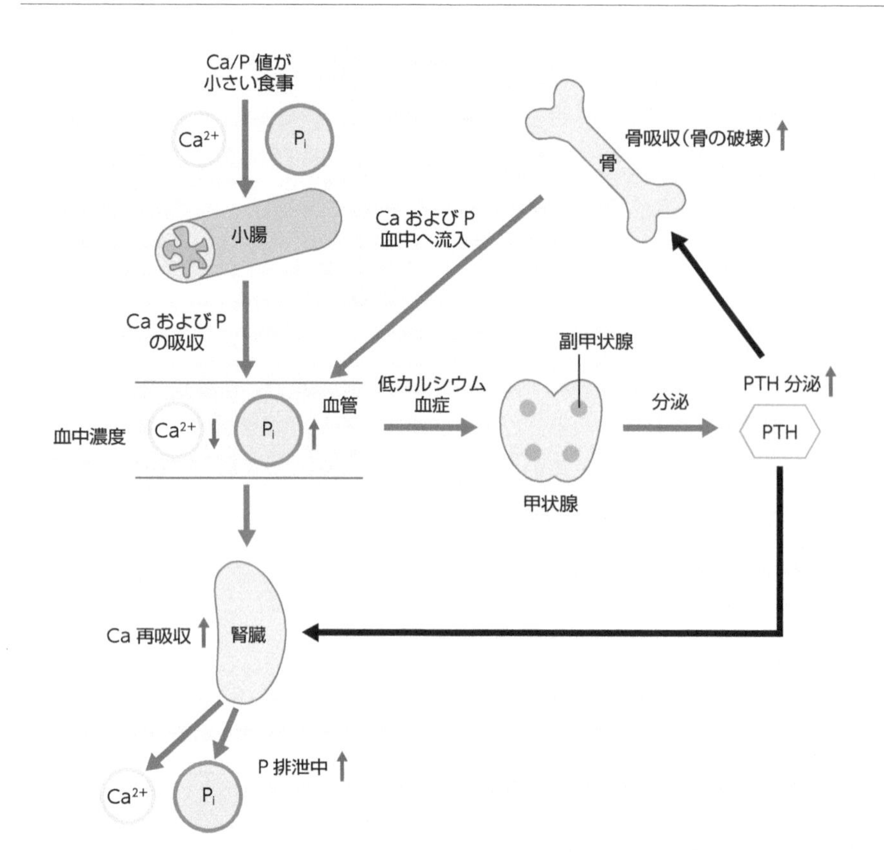

図5.3 生体内のカルシウム調節機構
↑：上昇
↓：低下
P_i：無機リン酸(inorganic phosphate)．溶液中では無機リン酸が解離して$H_2PO_4^-$やHPO_4^{2-}になっている．
カルシウム(Ca)に対してリン(P)の摂取量が相対的に多くなると，血中リン濃度が上昇(カルシウム濃度は低下)し，副甲状腺ホルモン(PTH)の分泌が促進される．PTHは骨からのカルシウムおよびリン流出を促進すると同時に，腎臓におけるカルシウム再吸収を増加させ，一方でリン排泄を促す．

ている．またカルシウムが結びついたタンパク質は，細胞接着，筋収縮などさまざまな機能性に寄与している．これらの機能性カルシウムのレベルを適切に維持するため，血中カルシウム濃度は厳密に制御され，一定に保たれている．そのため，骨に存在するカルシウムには貯蔵ミネラルとしての役割もあり，血中カルシウム濃度(8.8～10.1 mg/dL)の調節に利用されている．骨からのカルシウム流出および血中からのカルシウムの骨への吸収には，**骨芽細胞**(こつが)と**破骨細胞**(はこつ)という 2 種類の細胞が関与している．骨芽細胞は骨を形成する役割をもち，破骨細胞は骨を破壊する(骨吸収という)役割を担う．**副甲状腺ホルモン**(PTH，パラトルモンという)は，骨芽細胞と破骨細胞のはたらきを促進して血中カルシウム濃度を上昇させ，一方，甲状腺由来のカルシトニンは破骨細胞のはたらきを抑制して血中カルシウム濃度を低下させるはたらきをもつ．カルシウムの調節にはリンとのバランスが重要である(図 5.3)．

成長期においては骨形成が骨吸収を上回っているが，その後成人ではバランスのとれた状態となっている．しかし，カルシウムが慢性的に欠乏すると貯蔵カルシウムが骨から過剰に流出し，骨がもろくなる骨粗鬆症(こつそしょうしょう)がひき起こされる．長期にわたるカルシウム不足が起こると，骨粗鬆症などの骨の疾患のほか，高血圧，動脈硬化，認知障害など多くの疾病をひき起こす可能性があり，また，極度の不足によって筋肉の痙れんが起こることもある．一方，カルシウムサプリメントなどの利用による過剰摂取で，泌尿器系結石（主成分はシュウ酸カルシウム CaC_2O_4）や，マグネシウム（Mg）やリン酸（H_3PO_4）などの吸収障害が起こることもある．

カルシウムは現代の日本人の食生活において，平均摂取量が「日本人の食事摂取基準（2025 年版）案」に定められた推奨量を下回っており，不足しがちな無機質である．妊娠中や授乳中はカルシウムが多量に利用されるため，妊婦のカルシウム不足は特に骨粗鬆症や歯が悪くなる，といった症状をひき起こしやすい．しかし，現行の食事摂取基準においては，妊婦と授乳婦に対する付加量は設定されていない．これは，妊婦や授乳婦では，カルシウムの吸収率が上昇するという最近のエビデンスに基づいて定められた．しかし，これはカルシウム摂取量が目安量を満たしている場合であり，それに達していない場合には，推奨量を目指して摂取する必要がある．

カルシウムのよい摂取源としては，乳製品や小魚などの魚介類，野菜などがある．特に乳製品ではカルシウムの吸収率が高い．哺乳類の乳に含まれる乳糖（ラクトース $C_{12}H_{22}O_{11}$）にはカルシウムの吸収を促進する作用があることが報告されている．また最近では，牛乳に含まれるタンパク質（カゼイン）の消化産物であるカゼインホスホペプチド（CPP）というリン酸化ペプチドが，カルシウムの吸収を促進することが見いだされた．カルシウムは単独のサプリメントなどを摂取しても吸収率が悪く，リンやマグネシウムとのバランスが吸収促進に重要である．理想的な摂取量の比としては，Ca：P は 1：1，Ca：Mg は 2：1 と考えられている．カルシウムの吸収を促進する栄養素としてビタミン D もまた重要である．カルシウムの吸収を阻害する物質としては，野菜に含まれるシュウ酸（$(COOH)_2$）や，穀物に含まれるフィチン酸（$C_6H_{18}O_{24}P_6$）などの食物繊維などが知られており，高脂肪食もカルシウム吸収を低下させる．

B. リン（P，原子番号 15，原子量，30.97）

リン（P）の元素記号 P は phosphorus（ギリシャ語で「光り輝くもの」）に由来し，リンを含む化合物には「ホスホ～」と名がつけられていることが多い．自然界には黄リン，赤リン，黒リンなどの同素体が存在する．天然においては，リン酸塩の形で見いだされる場合が多い．後述のようにリンには数種のオキソ酸およびその陰イオンが存在する．

カルシウムの項で述べたように，リンは人体に最も多く存在する無機質の 1 つで，大部分は骨や歯（硬組織）に存在している．軟組織においては大部分が有機化合物と結合して存在している．すなわち細胞膜の構成成分であるリン脂質の成分であり，また，遺伝情報を担う DNA や遺伝情報の発現にかかわる RNA の構成成分でもある．さらに，生体内エネルギー分子であるアデノシン三リン酸(ATP)の成分であり，エネルギー生産や貯蔵に不可欠である．また，タンパク質のリン酸化などを介して細胞内情報伝達や機能制御に重要な役割を果たしている．リンはさまざまな酸化数をとる元素であるが，体内に存在するものはすべてがリン酸(H_3PO_4，オルトリン酸)あるいはそのエステルであり，血中のリンは約 50%がリン酸水素イオン(HPO_4^{2-})やリン酸二水素イオン(H_2PO^{4-})の形で存在している．また，これらのリン酸イオンは細胞質に存在する陰イオンでもある．リンはすべての生物にとって必須のミネラルであるため，肥料などにも使われているが，リン酸は赤潮，富栄養化など環境汚染の原因ともなっている．

リンの欠乏もまた，くる病や骨軟化症(こつなんかしょう)などの骨に関する疾患をひき起こすが，現代の一般的な食生活においてはむしろ過剰摂取の傾向が強い．近年のファストフードや調理済みの加工食品には，添加物として大量のリン酸塩が含まれている．血中リン濃度は，小腸からの吸収および腎臓における排泄-再吸収機構によって調節されている．リンの過剰摂取は血中リン濃度の上昇をひき起こす恐れがあり，それによって血中ミネラルのバランスが崩れると，カルシウムの欠乏などをひき起こす(図 5.3)．

C. **マグネシウム**(Mg，原子番号 12，原子量 24.31)

マグネシウム(Mg)はアルカリ土類金属の 1 つで，海水中では 2 番目に多い金属元素である．酸化物，水酸化物，フッ化物，炭酸塩，リン酸塩などは水に難溶だが，多くの塩は水に溶けやすく，また潮解性(空気中の水を自発的に取り込み水溶液になる)のものも多い．

マグネシウムは，植物中では光合成を行うクロロフィル(葉緑素)の中心金属イオンとして存在している．海水中の主要無機質であり，おもに塩化マグネシウム($MgCl_2$)として存在し，また，豆腐を凝固させるにがりの主成分も塩化マグネシウムである．

生体においてマグネシウムの約 60%は骨に蓄積しており，カルシウムと密接に関連して骨の健康を維持している．40%程度は筋肉や軟組織に存在し，タンパク質の生合成やエネルギー代謝に関する反応で必須の役割を果たす．血中マグネシウム濃度は 1.6 ~ 1.7 mEq/L 前後に保たれており，急激な欠乏が起こらないかぎり値は低下することはない(mEq：milliequivalent，ミリ当量*)．血中マグネシウムが減少すると骨の貯蔵マグネシウムが遊離し，これにはカルシウムと同様，副甲状腺ホルモン(PTH)が関与していると考えられる．マグネシウムの欠乏状態は虚血性(きょけつせい)心疾患の原因の 1 つとなり，また骨粗鬆症，神経疾患，筋肉収縮異常なども起こることが知られている．

マグネシウムはすべての動植物の細胞に存在していることから，生鮮食品には

* 1 当量(1 Eq)の物質は，反対の電荷をもつ物質 1 Eq と化学結合する能力がある．生体内では電解質濃度が非常に低いので，通常，当量(Eq)の 1/1000 を単位としてミリ当量(mEq)を用いる．(mg 値／原子量)×価数=mEq

普遍的に含有されており，ヒトの食生活上，欠乏することはほとんどない．マグネシウムの高含有食品としては，種実類や魚介類がある．一方，マグネシウムの過剰摂取は下痢の原因となる．このはたらきを利用し，酸化マグネシウム(MgO)を成分とした下剤がつくられている．

D. **カリウム**(K，原子番号 19，原子量 39.10)

カリウム(K)はナトリウム(Na)とともにアルカリ金属に分類される元素であり，自然界に豊富に存在している．事実上すべての非金属と激しく完全に反応するため，天然には単体としては見られない．

カリウム(Kalium)はドイツ語であり，英語ではポタシウム(potassium)という．長石，雲母(うんも)などの成分として地殻中に存在し，また植物の灰にも比較的多く含まれている．カリウムおよびポタシウムという名前は植物の灰を意味する言葉である．炎色反応は淡紫色を示す．自然界には ^{40}K(放射性同位元素)が存在しており，放射年代測定に使用される(半減期 1.25×10^9 年でアルゴン(^{40}Ar)へと変換することを利用している)．水酸化カリウムの水溶液は塩基性を示すが，塩化カリウム(KCl)は中性を示す塩の代表的例である．

生体内では，カリウムが細胞内液に，ナトリウムが細胞外液，すなわち血液やリンパ液など体液中に存在する主要な電解質である(表 5.4)．カリウムとナトリウムのバランスは，細胞の浸透圧を保つため，連動して厳密に制御されている．細胞内の高カリウム，低ナトリウム状態を維持するため，細胞膜には Na^+-K^+ ATP アーゼが存在しており，細胞内からナトリウムをくみ出し，カリウムを細胞内に取り込むはたらきを担っている(図 5.4)．このバランスは神経や筋肉の活動においても必須である．

神経細胞や筋細胞の細胞膜にはカリウムイオンチャネルが存在し，細胞からのカリウム流出をひき起こして細胞膜を分極させる．心臓の活動にもカリウムイオンが必須である．日常的にカリウムを摂取することが，高血圧や脳卒中の予防に有効であることが示唆されている．カリウムは野菜，ジャガイモ，果物などに豊富に含まれている．

表5.4 一般的な動物細胞における細胞内外のイオン濃度
陰イオンはCl^-以外にも，炭酸水素イオン(HCO^{3-})，リン酸水素イオン($HPO4^{2-}$)，硫酸イオン($SO4^{2-}$)などが存在する．
［資料：Bruce Alberts *et al., Molecular Biology of the Cell Sixth Edition*, Garland Science (2015)］

		細胞内濃度(mmol/L)	細胞外濃度(mmol/L)
陽イオン	Na^+	5～15	145
	K^+	140	5
	Mg^{2+}	遊離イオン濃度 0.5	1～2
		貯蔵濃度 20	
	Ca^{2+}	遊離イオン濃度 0.0001	1～2
		貯蔵濃度 1～2	
陰イオン	Cl^-	5～15	110

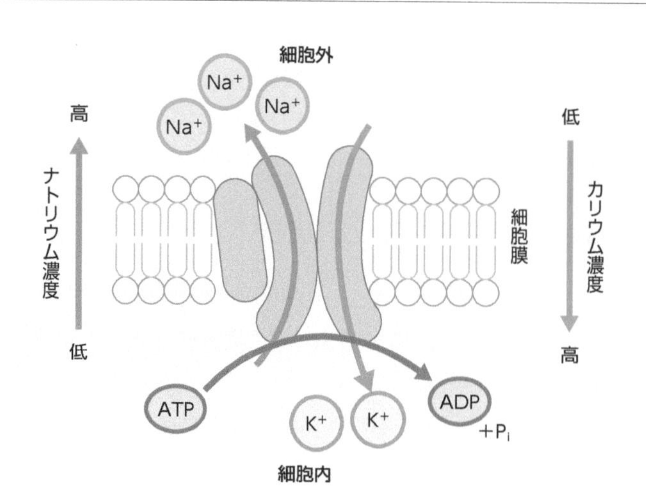

図5.4　Na^+-K^+ATPアーゼ
ナトリウム-カリウムポンプともいう．この輸送体は，細胞内でATPが1分子加水分解されるごとに，3個のNa^+を細胞外へ，2個のK^+を細胞内へとそれぞれの電気化学的勾配に逆らって能動輸送する．

E. ナトリウム(Na，原子番号11，原子量22.99)

ナトリウム(Natrium)はドイツ語で，英語ではソディウム(sodium)という．ケイ酸塩として地殻中に多量に分布し，また海水中には10.8 g/kg含まれる．金属ナトリウムは比熱や熱伝導性が大きく原子炉のバルブの冷却剤などに利用されている．食塩(塩化ナトリウム NaCl)，重曹(じゅうそう)(炭酸水素ナトリウム $NaHCO_3$)，炭酸ソーダ(炭酸ナトリウム Na_2CO_3)，苛性(かせい)ソーダ(水酸化ナトリウム NaOH)などとして，広く存在している．

前述のように，ナトリウムは，カリウムとともに神経細胞や筋細胞のはたらきを調節している．小腸細胞などにおいては，グルコース輸送や種々の分子の細胞への取り込み時にナトリウムが共輸送されるため，細胞内ナトリウム濃度を低く保つためにNa^+-K^+ATPアーゼが備わっている．ナトリウムに対して推定平均必要量が算出されているが，その量は非常に小さく(食塩として1日あたり1.5 g)，通常の食生活で欠乏することはない．しかし，ナトリウムは汗などを介しても体外に排出されるため，極度の発汗が起こるような状況ではごくまれに低ナトリウム血症が起こることがある．一方で，日本においては塩分の高い調味料(食塩，醤油，味噌など)や食品(味噌汁，漬け物など)が伝統的に多く摂取されており，高血圧の予防などの観点からは過剰摂取に対する注意が必要である．

F. 鉄(Fe，原子番号26，原子量55.85)

鉄(Fe)は地殻の約5%を占め，金属の中ではアルミニウム(Al)に次いで豊富な元素である．存在量が多く，工業的に最も重要な元素の1つである．水溶液中ではFe^{2+}(2価)かFe^{3+}(3価)のいずれかの酸化状態をとる．塩化鉄(Ⅱ)($FeCl_2$)などの二価鉄の無水塩は無色であるが，水和した塩や Fe^{2+} の水溶液は淡緑色である．一方，Fe^{3+} の溶液は水中で水和イオンとなり，赤褐色を呈する．

鉄は自然界に広く分布し，容易に酸化されて「錆（さび）」の原因となる．生体内においては，60 ～ 70%が赤血球に存在するヘモグロビンの構成成分として存在し，血中で酸素（O_2）と結合し酸素を運搬している．赤血球以外の鉄も大部分がヘム鉄として生体内に存在しており，筋肉に存在するミオグロビン，細胞内のミトコンドリアに局在して電子伝達系にかかわるシトクロムなどの補因子として存在している．残りは貯蔵鉄として，ヘム以外のタンパク質に結合した状態で肝臓や骨髄，脾臓などに存在している（非ヘム鉄）．代表的な非ヘム鉄タンパク質は，トランスフェリン，フェリチンなどである．これらは貯蔵鉄として役割をもち，必要に応じて造血組織などへ動員される．鉄は遊離した状態だと酸化ストレスの原因となるフリーラジカルを生成させる可能性があるが，ここまでに述べたように生体において鉄が遊離して存在することはほとんどない．

鉄が不足すると鉄欠乏性貧血をひき起こす．貧血症状が現れたときには，すでに貯蔵鉄が枯渇（こかつ）しているといえる．鉄欠乏は急激な成長期（乳幼児），月経時の女性や妊婦などで起こりうる．そのため，鉄の食事摂取基準は，女性に対して月経時とそれ以外，また妊婦と授乳婦に対しては（月経なしの状態に対する）付加量が定められている．鉄欠乏における貧血以外の症状としては，運動機能や認知機能の低下，体温保持機能の低下などがある．

鉄の摂取には，海藻や貝類，ホウレンソウやレバーなどが鉄を豊富に含む食品として有効である．食品中の鉄は大部分が非ヘム鉄であるが，レバーなどにはヘモグロビンとしてヘム鉄が含まれている．ヘム鉄はそのままの形で吸収されるため，非ヘム鉄（Fe^{2+} へ還元されたものが吸収される）よりも吸収効率がよい．鉄の吸収量はわずかであるが，生体の鉄要求量に応じて金属イオン輸送タンパク質を介した吸収効率の調節がなされる．鉄吸収を阻害する食品成分としては，フィチン酸や食物繊維，またポリフェノールなどが知られている．これらの成分は金属イオンに対するキレート作用（1 分子内に存在する 2 個以上の原子が金属原子または金属イオンをはさむように配位すること）をもつ分子構造を有している．

一方，鉄の過剰症は日常的にはほとんど存在しないものの，人体には鉄を積極的に排泄する機構が備わっていない．そのため，貧血治療用の鉄剤などを過剰に摂取すると，胃腸障害や鉄沈着などの症状がみられることがある．

G. **亜鉛**（Zn，原子番号 30，原子量 65.38）

亜鉛（Zn）は，天然においてはさまざまな鉱物（硫化物 ZnS，酸化物 ZnO など）として存在している．湿った空気中では灰白色の被膜を生じる．鉄や鋼のメッキ（トタン板）などの製造に用いられる．

生体内では骨，皮膚，肝臓，腎臓などに多く分布し，さまざまな酵素の構成成分として存在している．そのため，亜鉛はタンパク質の生合成，ホルモン(インスリンなど)の合成や分泌調節，免疫反応の制御などに関与している．また，味覚の認識に重要であり，亜鉛欠乏の状態は味覚異常をひき起こす．小児で亜鉛が不足すると，成長障害や性腺発育障害などがみられる．食品中では，貝類や魚介類，穀類などに多く存在している．鉄と同様，金属イオンをキレートする食物繊維や，同じ輸送タンパク質での基質となる銅，鉄などによって吸収が阻害される．

H. 銅(Cu，原子番号 29，原子量 63.55)

銅は(Cu)，軟らかく延性の高い金属であり，また熱や電気の導体としても優れている．Cu^{+}(1 価)と Cu^{2+}(2 価)の 2 種類の酸化状態をもつが，Cu^{+}は錯体*1としてしか水溶液中に安定に存在せず，Cu^{2+}が一般的な存在形態である．二酸化炭素(CO_2)や二酸化硫黄(SO_2)などを含む湿った空気中では緑青(ろくしょう)(水酸化炭酸銅(Ⅱ)$CuCO_3 \cdot Cu(OH)_2$などを含む)を生じる．

*1 金属と非金属の原子が結合した化合物のこと．

銅の生体内存在量は微量であるが，おもに骨，骨格筋，血液中に存在している．生体内の銅の大部分は種々の酵素の構成成分として存在し，特に鉄の代謝や輸送，活性酸素の除去，神経伝達に関与し，重要な役割を担っていることが報告されている．銅に関しては通常の食生活を送っていれば，欠乏症や過剰症が起こることはまずないといってよい．銅には先天性の代謝異常症として，メンケス病とウィルソン病*2が知られている．

*2 メンケス病は，銅を腸から吸収できず，銅欠乏症を起こす．ウィルソン病は，銅が体内に多量に蓄積することによって起こる．

I. ヨウ素(I，原子番号 53，原子量 126.9)

ハロゲン元素の１つ．ハロゲンとはフッ素(F)，塩素(Cl)，臭素(Br)，ヨウ素(I)のことであり，化学的に似た性質を示す．ハロゲンは酸化剤としての性質を示すが，その強さは原子番号が増すにつれて弱まり，ヨウ素で最も弱い．二原子分子である I_2 のこともヨウ素という．紫黒色で金属光沢のある結晶を形成する．ヨウ素は天然において，海藻，海産動物中におもに有機化合物の形で存在する．ヨウ素溶液にデンプンを加えると，ヨウ素-デンプン反応を起こし青紫色を呈する．この反応はヨウ素滴定(ヨードメトリー)に利用される．

生体内ではほとんどが甲状腺に存在し，甲状腺ホルモンの構成成分として重要な役割を担っている．ヨウ素の欠乏は甲状腺ホルモンの合成低下をひき起こすため，甲状腺刺激ホルモンの分泌増加が誘導されて甲状腺肥大や甲状腺腫がひき起こされる．また，甲状腺ホルモンの低下に伴う甲状腺機能低下，精神発達や成長発達の障害などがひき起こされる．ヨウ素は海藻などに豊富に含まれており，日本人の伝統的な食生活においては不足することはほとんどないが，世界的にみるとヨウ素が不足している地域が存在し，食塩にヨウ素を添加するなどの政策がとられている．一方，ヨウ素を過剰摂取してもその排泄が促進されるため，生体内のヨウ素が過剰になることはほとんどない．

J. **モリブデン**(Mo，原子番号 42，原子量 95.95)

モリブデン(Mo)は，融点が非常に高い(2,890 K)金属であり，純金属や合金として，線またはリボンの形で，電球のフィラメントなど高温になる場所で使用されている．酸化数−2 から+6 まで(0 を含め)9 種の化合物として存在する．

生体内でモリブデンはおもに肝臓と腎臓に存在している．種々の酸化酵素(オキシダーゼ)などフラビン酵素の補因子として必須の機能を担っている．食品中では，穀類，豆類，種実類に多く含まれ，日常的には欠乏症，過剰症はほとんどみられない．

K. **マンガン**(Mn，原子番号 25，原子量 54.94)

マンガン(Mn)は，化学的反応性の高い金属であり，希酸には直ちに溶解する．天然には二酸化マンガン(MnO_2)として存在している．化合物としては，酸化数として−3 から+7 までのものがあるが，特に酸化数として+2 〜+7 の状態のものが多い．最もよく知られた化合物である過マンガン酸カリウム($KMnO_4$)は濃い紫色をしており，非常に強力な酸化剤である．

マンガンは生体内でおもに骨に存在している．骨や腱に多く存在するムコ多糖(グリコサミノグリカンともいう．アミノ糖を含む多糖類)の合成にかかわる酵素などの補因子として生体に必須である．食品中には穀類や種実類に多く含まれており，日常的な食事からの摂取で十分量が供給されるため欠乏症はほとんどみられない．マンガンの吸収率は低く，鉄と競合することが知られている．マンガンには中枢神経障害などをひき起こす慢性中毒症状があるが，通常の経口摂取で起こることはほとんどない．

L. **クロム**(Cr，原子番号 24，原子量 52.00)

クロム(Cr)は，硬い金属であり，耐食性があるため，鉄などのメッキによく用いられる(クロムメッキ)．また，各種合金(ステンレス鋼，耐熱合金など)の製造に利用されている．多くの場合，最も安定な状態は 3 価クロム(Cr^{3+})である．2 価クロム(Cr^{2+})化合物は還元剤であり，6 価クロム(Cr^{6+})化合物は強い酸化剤である．

クロムは，食品中や生体内ではほとんどが Cr^{3+}として存在している．生体内では上昇した血糖を正常に戻す耐糖能に必要なホルモンである，インスリンとインスリンレセプター(受容体)との結合において重要な役割を果たす．また，糖代謝，タンパク質代謝，コレステロール代謝などにも関与している．クロムは加齢とともに体内含量が減少することが知られている微量元素であるが，通常の食生活で不足することはない．クロムを多く含む食品としては魚介類，未精製の穀類(全粒粉，玄米など)などがあげられる．Cr^{3+}は毒性が低く，また吸収率も低いため過剰症が問題になることもない．一方，Cr^{6+}は毒性を示すことが知られており，皮膚炎や肺がんの原因となる．

M. **セレン**(Se，原子番号 34，原子量 78.97)

セレン(Se)は希少元素であり，硫黄(S)の鉱石に少量含まれて産出する．化学的にも硫黄と類似した性質を示す．

セレンは生体内で腎臓に多く存在している微量元素で，生体防御システムの 1 つを担う抗酸化酵素の 1 つであるグルタチオンペルオキシダーゼの成分として重要である．セレンは藻類，魚介類，肉類，卵黄に豊富に含まれており，日常の食生活で不足することはない．世界的にみると，セレン欠乏は土壌のセレン含有量が非常に少ない地域でみられるが，亜セレン酸塩(SeO_3^{2-})の投与で緩和することができる．セレンの摂取量が少ないと発がんリスクが高まる可能性が示されている．一方で，セレンの毒性は強く，慢性的に過剰摂取すると爪の変形や脱毛，胃腸障害などがひき起こされる．セレンは食品中でおもにセレノメチオニンやセレノシステインなどのセレノアミノ酸として存在しており，その腸管吸収率は50%以上と高く，日常的に不足することはほとんどない．また，必要量と中毒症状を示す量との差が小さいセレンを，サプリメントなどで多量摂取することに対しては注意が必要である．

N. **コバルト**(Co，原子番号 27，原子量 58.93)

コバルト(Co)は，天然には硫化物およびヒ化物として存在している．酸化数として−1 から+4 までの化合物が知られているが，Co^{2+}(2 価)と Co^{3+}(3 価)の状態で通常存在している．

生体内に微量含まれるコバルトは，ビタミン B_{12}(シアノコバラミン $C_{63}H_{88}CoN_{14}O_{14}P$)の補因子として機能している．したがって，Co の食事摂取基準はビタミン B_{12} として設定されている．ビタミン B_{12} は植物性食品には含まれていないため，厳格な菜食主義者では欠乏症(巨赤芽球性貧血や神経障害)が生じる．それ以外は日常の食生活で不足することはほとんどない．水溶性ビタミンであるため，過剰症もほぼみられない．放射性同位体である ^{60}Co はガンマ線照射の線源として，ガンマ線滅菌などに利用されている．日本ではジャガイモの発芽防止のための食品照射に利用されている．

O. **硫黄**(S，原子番号 16，原子量 32.07)

天然においては，岩石中の硫化物，硫黄(S)の単体，また硫酸塩として，火山

ビタミン

ビタミンは，生物に必要な栄養素のうち，糖質，タンパク質，脂質，無機質以外の栄養素で，微量に存在する生体にとって必須の有機化合物の総称である

		おもな化合物(化学式)
脂溶性ビタミン	ビタミンA	レチノール($C_{20}H_{30}O$)
	ビタミンD	エルゴカルシフェロール($C_{28}H_{44}O$)
	ビタミンE	α-トコフェロール($C_{29}H_{50}O_2$)
	ビタミンK	フィロキノン($C_{30}H_{46}O_2$)
水溶性ビタミン	ビタミンB_1	チアミン($C_{12}H_{17}N_4OS$)
	ビタミンB_2	リボフラビン($C_{17}H_{20}N_4O_6$)
	ナイアシン	ニコチン酸($C_6H_5NO_2$)
	ビタミンB_6	ピリドキシン($C_8H_{11}NO_3$)
	ビタミンB_{12}	シアノコバラミン($C_{63}H_{88}CoN_{14}O_{14}P$)
	葉酸	プテロイルモノグルタミン酸($C_{19}H_{19}N_7O_6$)
	パントテン酸	パントテン酸($C_9H_{17}NO_5$)
	ビオチン	ビオチン($C_{10}H_{16}N_2O_3S$)
	ビタミンC	アスコルビン酸($C_6H_8O_6$)

ガス中では硫化水素(H_2S)，二酸化硫黄(SO_2)として，さらに海水中では硫酸イオン(SO_4^{2-})として存在する．また，硫黄は単体の金属と直接反応して硫化銀(Ag_2S)などの硫化物をつくることができる．硫黄は複数のオキソ酸やそのイオンをつくる．その代表は硫酸(H_2SO_4)である．

硫黄は生体内に多量に存在し，必須無機質の１つであるものの，食品からの摂取基準は策定されていない．実際，硫黄はおもに有機化合物に含有されているため，一般的な無機質としては考えない場合もある．すなわち，硫黄の摂取源はほとんどがタンパク質であり，欠乏することはまずない．生体において硫黄は硫酸イオン，硫酸エステル($R\text{-}O\text{-}SO_3H$)，含硫アミノ酸(システインおよびメチオニン)の構成成分として存在している．含硫アミノ酸は，タンパク質の構造維持や酵素の活性中心として重要な役割を果たしている．上記のアミノ酸以外にタウリン($C_2H_7NO_3S$)やホモシステイン($C_4H_9NO_2S$)も含硫アミノ酸である．細胞内の還元剤や解毒に重要なグルタチオンは，含硫ペプチドである．また，コンドロイチン硫酸などムコ多糖として軟骨などにも存在している．

P. 塩素(Cl，原子番号 17，原子量 35.45)

塩素(Cl，クロール)は，ハロゲン元素の１つである．一般に塩素といえば，Cl_2

の塩素分子を示すことが多い．天然には岩塩中などにはアルカリ金属やアルカリ土類金属との塩化物（代表的な化合物：NaCl）として存在している．塩化ビニル，塩素系溶剤，医薬品など多くの用途に使用されており，酸化剤，漂白剤，消毒剤としても重要な元素である．塩素を含む漂白剤（次亜塩素酸ナトリウム NaClO）と酸性の物質を混合すると，有毒な単体の塩素ガス（Cl_2）が遊離する．

無機質として比較的多量に生体に含まれており，必須無機質の 1 つといえるが，食品からの摂取基準は策定されていない．生体内においては，体液中の陰イオンであり，ナトリウムイオン（Na^+）の対イオンとして細胞外に存在している（表 5.4）．電解質のバランスを保ち，また浸透圧の調節に重要である．漂白剤や殺菌剤においては，次亜塩素酸（HClO）がよく使われている．生体内においても，好中球が次亜塩素酸イオン（ClO^-）を分泌し，生体防御における殺菌作用を担っている．また，胃酸（塩酸 HCl）の構成成分としても重要である．

Q. **フッ素**（F，原子番号 9，原子量 19.00）

フッ素（F）は，最も軽いハロゲン元素で，塩素とともに最も存在量の多いハロゲンである．天然には蛍石（CaF_2）や氷晶石（$Na_3[AlF_6]$）などのフッ化物として存在する．非常に強い酸化作用，腐食性をもった刺激物であり，猛毒である．フッ化物はエネルギー的に非常に安定な化合物である．

フッ素の生体における必須性は証明されていないものの，歯や骨の健康維持に重要であると考えられている．フッ素は石灰化組織の異常な脱ミネラル化を抑える機能をもち，フッ素を添加した飲料水や歯磨き粉などが虫歯の予防に有効だとの報告がある．一方でフッ素の過剰摂取はフッ素沈着症（フッ素が沈着し変色する）をひき起こす．フッ素が安全かつ有効である摂取量の範囲は比較的狭い．

R. 生体に存在するその他の元素

生体に存在するが，その重要性が証明されていない元素が複数存在する．ホウ素（B，原子番号 5，原子量 10.81），ヒ素（As，原子番号 33，原子量 74.92），ニッケル（Ni，原子番号 28，原子量 58.69），バナジウム（V，原子番号 23，原子量 50.94），ケイ素（Si，前出）などについて，種々の生物における必須性が示されているが，ヒトにおいてはそれらの必須性が証明されていない．

ホウ素（B）については，免疫機能，骨や関節などに対して生理的機能を発揮していることが明らかになりつつあり，米国ではヒトおよび動物実験の結果から許容上限摂取量を定めている．

また，必須である可能性のある元素の中には，ヒ素（As），カドミウム（Cd，原子番号 48，原子量 112.4），鉛（Pb．原子番号 82，原子量 207.2），アルミニウム（Al，原子番号 13，原子量 26.98）などの従来有害金属とみなされてきたものも含まれており，無機質の毒性と有効性を決めるには，量とバランスがいかに重要であるかを示すものといえよう．

無機質の生理的役割と疾病

無機質には次のような生理的役割がある．

①骨や歯などの硬組織の構成成分

②その他の軟組織の構成成分（膜脂質や種々のタンパク質，ムコ多糖など）

③電解質としての役割

④細胞内情報伝達に関与する因子としての役割

⑤酵素やホルモンなど生理活性分子の補因子

そのため，体内でのバランスが崩れると表のような疾病がひき起こされる．

	おもな生理機能	おもな欠乏症	おもな過剰症
カルシウム(Ca)	骨代謝，情報伝達物質	骨粗鬆症	結石（栄養補助剤による場合）
リン(P)	骨代謝，生体膜構成成分，高エネルギー化合物	(－)	低カルシウム血症
マグネシウム(Mg)	骨代謝，酵素の活性因子	心機能障害	下痢
カリウム(K)	浸透圧調節，酸-塩基平衡	高血圧症	高カリウム血症，心機能障害
ナトリウム(Na)	酸-塩基平衡，栄養素の能動輸送	血圧下降	高血圧症
鉄(Fe)	ヘムタンパク質の活性中心	鉄欠乏性貧血	(－)
亜鉛(Zn)	各種酵素の補因子	生育・生殖能低下，味覚異常	吐き気，胃不快感(－)
銅(Cu)	ヘモグロビン合成，酵素の補因子	(－)	(－)
ヨウ素(I)	甲状腺機能	甲状腺腫，甲状腺機能障害	甲状腺機能低下
モリブデン(Mo)	各種酵素の補因子	(－)	(－)
マンガン(Mn)	各種酵素の補因子	(－)	中枢神経障害
クロム(Cr)	インスリン作用を介した糖代謝，脂質代謝	(－)	クロム中毒（6価クロムでは皮膚炎，肺がんなど）
セレン(Se)	生体内抗酸化能	心筋症（克山症），発がんリスク上昇の可能性	爪の変形，脱毛，胃腸障害
コバルト(Co)	ビタミンB_{12}の補因子	巨赤芽球性貧血，ホモシステイン尿症，神経障害（ビタミンB_{12}として）	(－)

(－)：日常的にはほとんど起こらない．

(　　)に入る適切な語句を答えなさい.

1）炭素(C)を含まない化合物や，簡単な炭素化合物の総称が(　　)である.

2）栄養学，食品学においては，有機化合物を構成するC，H，O，N以外の元素を(　　)という.

3）ヒトにとって必須の無機質は(　　)種類が知られており，日本ではそのうち(　　)種類について，食事摂取基準が定められている.

4）生体内において，無機質の恒常性は(　　)と(　　)のバランスにより，厳密に保たれている.

5）無機質は，生体の構成成分としてはたらく以外に，タンパク質などの(　　)，(　　)，生体情報伝達に関与する因子などとして生理的役割を有している.

6. 食品中の有機化合物

フリードリヒ・ヴェーラー(1800 ～ 1882)
ドイツの化学者．無機化合物から初めて有機化合物の尿素を合成したことで知られる．

19 世紀初めころまでには，酢酸，アルコール，糖，油脂などの化合物はすでに知られていた．これらはいずれも炭素(C)を含む化合物である．当時，これらの化合物は，生物体によってのみ，すなわち，生命があるものによってしかつくり出されないものと信じられてきた．このような理由から，炭素を含む化合物を**有機化合物**(**有機物**)といい，それ以外の化合物を無機化合物というようになった．

なお，炭素を含んでも C のみの同素体，一酸化炭素(CO)，二酸化炭素(CO_2)，炭酸イオン(CO_3^{-})，シアン化物イオン(CN^{-})などの簡単な炭素化合物は無機化合物として扱われる．有機化合物を構成する元素は，炭素以外に，水素(H)，酸素(O)，窒素(N)，硫黄(S)，リン(P)，塩素(Cl)など極めて限られている．

1828 年，ドイツのヴェーラーは無機化合物であるシアン酸アンモニウム(NH_4OCN)を加熱して**尿素**(H_2NCONH_2)の合成に初めて成功した．このことを契機として，有機化合物というのは，生物に依存しなくても合成できると考えられるようになった．有機化合物については，現在，1,000 万種類を超える多種多様な化合物が合成され，天然物から単離されている．なぜ，多種多様でかつ無数ともいえる有機化合物が上述のように限られた元素からつくり出されるのであろうか．

その理由としては，以下のように考えられる．

①炭素原子同士が多数結合できる．

②炭素の原子価が 4 価である．

③単結合以外に二重結合および三重結合がある．

このような複雑な有機化合物について，本章では，有機化合物の種類，身近な有機化合物と食品における有機化合物に分けて解説する．

6.1 有機化合物の種類

A. 有機化合物における化学結合様式および化合物の見方

有機化合物における化学結合は主として共有結合である．炭素原子の原子価は4価であるが，その結合様式は，第1章に述べたように，単結合のみから成り立つ化合物，二重結合を含む化合物，ならびに三重結合をもつ化合物が存在している．単結合のみは，メタン(CH_4)に代表されるように正四面体構造をとる．二重結合は平面構造をとる．単結合の場合はその結合軸を中心にして自由に回転しうるが，二重結合ではその結合軸は固定していて回転しない．また，三重結合は直線状の構造をしており，この結合においても，その軸は固定され，回転しない．

有機化合物を概観すると，炭素(C)と水素(H)だけから構成されるメタンのような**炭化水素**という大きなグループが存在している．すなわち，その炭素骨格の違いにより，図6.1に示したように分類される．しかしながら，有機化合物においては，いくつかの原子が集まって一定の機能を有している原子団が存在し，これらを**基**という．これらの基のうち，化合物に特有の性質を付与するような基を**官能基**という．異なった化合物でも同じ官能基をもつと，同様の性質を示すことが多い．すなわち，有機化合物の構造には炭素同士，炭素と水素のみの結合，C=O，C-O，O-H，N-Hなどの結合がある．官能基は以下に述べる**異性体**を構成する理由ともなり，医薬品や生理活性物質の効果を左右したり，生体内反応を制御したり，植物の色や食品の香りなどの特性に影響を与え，その化合物に特有の化学的性質を付与する．

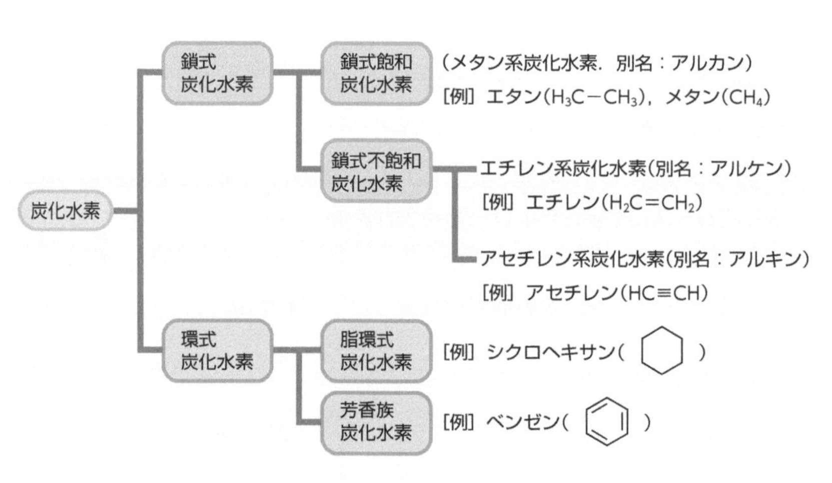

図6.1 炭化水素の分類
⌬はベンゼン環といい(図6.9参照)，炭素同士の結合が二重結合と単結合が交互に存在することを示し，⬡はシクロヘキサン環といい，単結合であることを示している．

官能基	基の名称	一般名	例
−X(F, Cl, Br, I)	ハロゲン	ハロゲン化物	塩化エチル(CH_3CH_2Cl)
−OH	ヒドロキシ基 (水酸基)	アルコール	メタノール(CH_3OH), エタノール(CH_3CH_2OH)
		フェノール	フェノール(C_6H_5−OH), 乳酸($CH_3CH(OH)COOH$)
(C)−O−(C)	(エーテル結合)	エーテル	ジエチルエーテル($CH_3CH_2OCH_2CH_3$)
$-\overset{O}{\overset{\Vert}{C}}-$	カルボニル基 (ケトン基)	ケトン	アセトン(CH_3COCH_3)
$-\overset{O}{\overset{\Vert}{C}}-H$	カルボニル基 (ホルミル基, アルデヒド基)	アルデヒド	ホルムアルデヒド(HCHO) アセトアルデヒド(CH_3CHO)
$-\overset{O}{\overset{\Vert}{C}}-O-H$	カルボキシ基	カルボン酸	酢酸(CH_3COOH)
$-\overset{O}{\overset{\Vert}{C}}-O-$	(エステル結合)	エステル	酢酸エチル($CH_3COOCH_2CH_3$) 安息香酸エチル($C_6H_5-\overset{O}{\overset{\Vert}{C}}-OCH_2CH_3$)
$-O-\overset{O}{\overset{\Vert}{P}}(OH)-OH$		リン酸エステル	グリセロリン酸($HOH_2C\overset{OH}{C}(H)CH_2O-\overset{O}{\overset{\Vert}{P}}(OH)-OH$)
−SH	メルカプト基	チオール	メタンチオール(CH_3SH)
$-NH_2$	アミノ基	アミン	アニリン($C_6H_5-NH_2$)
$-\overset{H}{N}-$	イミノ基		ジメチルアミン($(CH_3)_2NH$)
$-NO_2$	ニトロ基	ニトロ化合物	ニトロベンゼン($C_6H_5-NO_2$)
$-SO_3H$	スルホ基	スルホン酸	ベンゼンスルホン酸($C_6H_5-SO_3H$)

表6.1　官能基による有機化合物の分類(代表例)

表 6.1 に代表的な官能基および有機化合物の例を示した.

B.　異性体

有機化合物は特定の元素(原子)から構成されているにもかかわらず, その数は非常に多い. この理由の 1 つは前述の①〜③のような炭素元素の特殊性によるものであるが, さらに異性体, すなわち分子式は同じでも分子の構造が異なり化学的性質が違う化合物が存在することが, 有機化合物をより複雑にしている. これらの異性体については, **構造異性体**と**立体異性体**という 2 つに分けられる(図 6.2). 構造異性体の例を図 6.3 に示した.

さらに, 立体異性体の中には**鏡像異性体**と**幾何異性体**がある. 互いにまったく異なる 4 種類の原子または原子団が結合している炭素原子を**不斉炭素原子**(ふせい)という. 光学異性体は不斉炭素をもつ化合物で, 三次構造(立体)が異なるために実像と鏡像の関係にある異性体をいう(図 6.4). これらの鏡像異性体(エナンチオマー)は

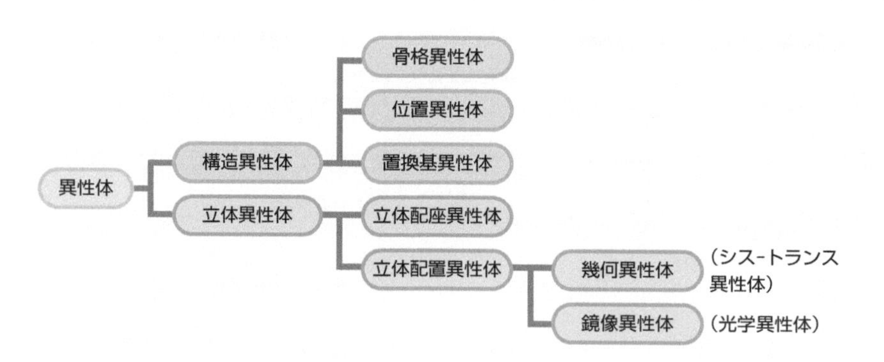

図6.2　有機化合物の異性体

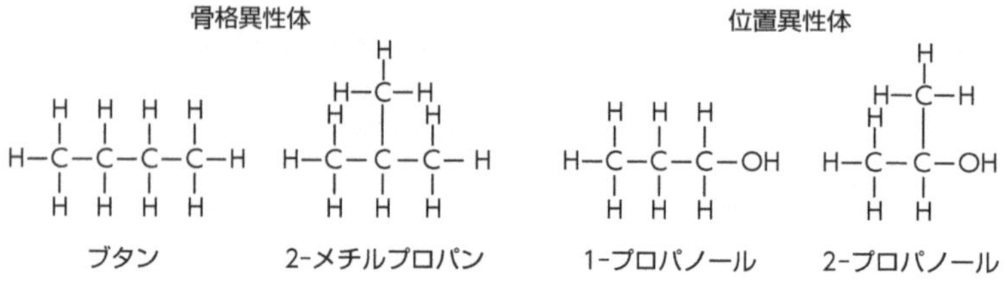

図6.3　構造異性体の例

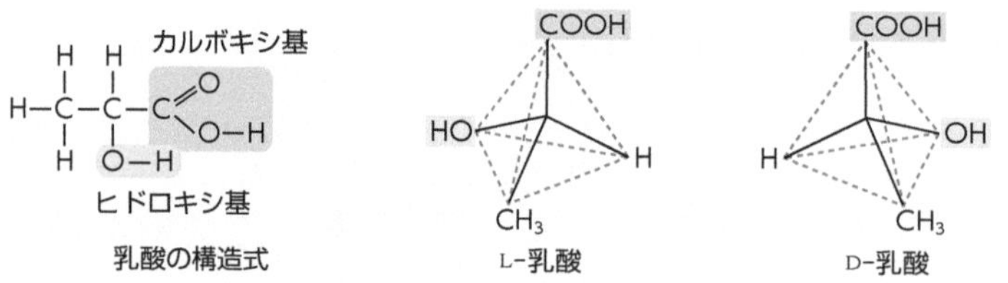

骨格異性体

ブタン　　2-メチルプロパン

位置異性体

1-プロパノール　　2-プロパノール

図6.4　鏡像異性体(乳酸の例)

カルボキシ基

ヒドロキシ基

乳酸の構造式

L-乳酸　　D-乳酸

旋光度*が異なり，他の物理・化学的性質はほとんど同じであるが，生物の細胞内で営まれている酵素反応などにおいて基質となるか否か(基質特異性)を左右するものである．すなわち光学活性物質は生理活性の発現に極めて重要な要素となっている．区別には通常 *RS* 表記を用いるが，アミノ酸では逆になることがあるため，生化学の分野では，DL 表記法を用いる．鏡像異性体を D-グリセルアルデヒドを基準にして D 体と L 体に区別している．旋光性が右旋性の場合，*d* または(+)と表記され，左旋性の場合は *l* または(−)で示される．たとえば D-グルコースと L-グルコース，あるいは D-グルタミン酸と L-グルタミン酸と表示法を変えて立体配置を区別しているが，不思議なことに，生物のタンパク質を構成しているアミノ酸はほとんどすべて L 型であり，糖においてはほとんどが D 型である．

さらに，幾何異性体とは二重結合をもつ化合物に見られるシス形とトランス形の立体異性体をいう．たとえば，マレイン酸(シス形)とフマル酸(トランス形)などがある．

＊　直線偏光がある物質中を通過した際に回転する現象を旋光といい，その回転する角度を旋光度という．旋光性のある物質を光学活性物質という．

6.2 生活にかかわる有機化合物

ここからは，おもに官能基による特徴から似たような性質をもつ有機化合物をまとめて解説する．本節では生活にかかわるものを，次節ではおもに栄養素として生体成分や食品とかかわりのあるものをまとめた．

A. アルコール，エーテル，カルボニル化合物

a. アルコール

アルコールは鎖式炭化水素の H がヒドロキシ基(-OH)になったものであるが，芳香族炭化水素についた場合のフェノールとは区別される．

(1) エタノール(C_2H_5OH)　エタノールは古代から人々によって愛好されてきた嗜好(しこう)飲料である．エタノールは従来エチルアルコールといわれていた．エタノールは酵母により糖類からつくられる醸造酒である．この酵母など微生物の作用によって有機化合物が変化し，ヒトにとって有益なものができることを発酵とい

アルコール発酵

酵母における発酵は，以下のしくみで行われる．

酵母における発酵は全体反応で見ると，1 分子のグルコースから 2 分子のエタノールと 2 分子の二酸化炭素が生成する．

$$C_6H_{12}O_6 \longrightarrow 2\,C_2H_5OH + 2\,CO_2$$

この発酵過程は，大きく以下のように 2 段階に分けられる．

①第 1 段階：グルコースからピルビン酸の生成

解糖系に属する酵素群により，グルコースは最終的に 2 分子のピルビン酸($CH_3COCOOH$)に分解されるとともに，2 分子の ADP を ATP に，2 分子の NAD^+を NADH に変換する．

$$C_6H_{12}O_6 + 2\,ADP + 2\,H_3PO_4 + 2\,NAD^+ \longrightarrow 2\,CH_3COCOOH + 2\,ATP + 2\,NADH + 2\,H^+ + 2\,H_2O$$

②第 2 段階：ピルビン酸からエタノールの生成

生成した 1 分子のピルビン酸は脱炭酸され，アセトアルデヒドに変換する．

$$CH_3COCOOH \longrightarrow CH_3CHO + CO_2$$

生成したアセトアルデヒドは NADH によってエタノールに変換する．

$$CH_3CHO + NADH + H^+ \longrightarrow CH_3CH_2OH + NAD^+$$

う．酵母はブドウなどの果実の皮に付着しているので，皮付きの果実をつぶして絞り汁を放置しておくと自然発酵して果実酒ができる．ブドウ酒(ワイン)はこのようにしてつくられる．

醸造酒としては，清酒(日本酒)およびビールなどがある．清酒は，米に含まれるデンプン($(C_6H_{10}O_5)_n$)をコウジカビ(アスペルギルス オリゼ *Aspergillus oryzae*)が繁殖した麹(こうじ)のアミラーゼにより糖化し，生成したグルコース($C_6H_{12}O_6$)を酵母中の酵素によりエタノールに転換する．

醸造酒と比べて，蒸留酒*は不純物が少ないため，二日酔いや肝障害の原因となりにくい．蒸留酒はスピリッツといわれていたが，これは植物の「精」が蒸留により取り出されると考えられていたためである．

* 醸造酒を蒸留してつくった酒．

発酵以外に，工業的にエタノールは合成されている．ホワイトリカー(甲類焼酎)などの飲用アルコールは，合成と記載されており，エチレンから工業的に合成されたエタノールを用いており，アルコールの純度は醸造したものと比べて高い．

$$CH_2{=}CH_2 + H_2O \longrightarrow CH_3CH_2OH$$

(2)メタノール(CH_3OH)　木材を，空気を遮断して加熱(乾留)すると，メタノールが得られる．従来，メタノールはメチルアルコールといわれていた．メタノールには毒性があるので，エタノールに混ぜることでエタノールを飲用に適さないようにすることが行われている．また，ガソリンに混合すると凍結しにくくなる．

エタノールおよびメタノールはヒドロキシ基をもつため，水によく溶け，どのような割合でも水に溶解する．

b. エーテル

水分子(H_2O)における２つの水素原子が炭化水素基で置換された化合物をエーテルという．代表的なジエチルエーテル($C_2H_5OC_2H_5$)は酸素原子に２つのエチル基($-CH_2CH_3$)が結合した化合物である．エーテルはアルコールと比べて反応性に乏しい．ジエチルエーテルは，エタノールを硫酸で脱水すると生成する．

$$2\,C_2H_5OH \longrightarrow C_2H_5OC_2H_5 + H_2O$$

c. カルボニル化合物(ケトン，アルデヒド)

カルボニル基は炭素-酸素二重結合($>C{=}O$)をもつ．それらをカルボニル化合物という．$>C{=}O$ はカルボン酸とエステルにも含まれるが，示す性質はまったく異なる．

ホルミル基(アルデヒド基，$-CHO$)を官能基としてもつ化合物をアルデヒドという．アルデヒドはアルコールの酸化により生成し，メタノールからはホルムアルデヒド($HCHO$)，エタノールからはアセトアルデヒド(CH_3CHO)が得られる(図 6.5)．アセトアルデヒドは有害で，二日酔いの原因はアセトアルデヒドが体内に蓄積す

図6.5 アルコールとアルデヒド

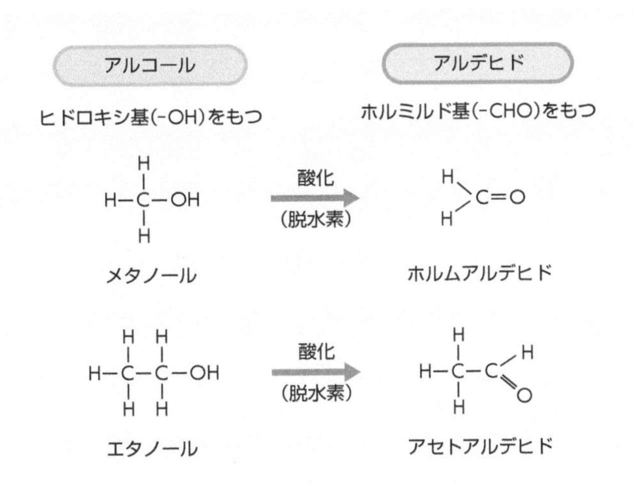

ることにより起こる．メタノールが有毒なのは，代謝されるとき有毒なホルムアルデヒドとなり，さらに毒性の強いアリやハチの毒であるギ酸(HCOOH)になるためである．

カルボニル基の炭素原子に 2 個の炭化水素基が結合した一群の化合物はケトンという．アセトン(CH_3COCH_3)は代表的なケトンであり，優れた有機溶媒である．

カルボニル基は官能基の中でも反応性に富み，多くの有機化学反応に関与し，重要な役割を担っている．たとえば，カルボニル基は脂肪酸の合成やアセチル CoA とオキサロ酢酸の縮合反応において中心的なはたらきをする．また，アルデヒドの化学的性質は糖質や DNA および RNA の性質を理解するためには極めて重要である．

B. カルボン酸とエステル

a. カルボン酸

カルボキシ基 (-COOH) はカルボニル基 (>C=O) とヒドロキシ基 (-OH) とが同一炭素原子に結合したものであり，この官能基をもつ化合物をカルボン酸という．食品に存在する有機酸を表 6.2 に示した．カルボキシ基は，エステル(次項)，酸塩化物，酸無水物およびアミド*などを合成する起点になる重要な官能基である．カルボン酸は酸性を示す物質で，その水溶液は酸っぱい味がする．酢酸(CH_3COOH)は代表的なカルボン酸であり，食酢は 3 ～ 5%の酢酸水溶液である．食酢中の酢酸はアルコールの酢酸発酵によりつくられる．清酒にはコハク酸($(CH_2COOH)_2$)が含まれており，独特の風味を与えている．果実の酸味は，ヒドロキシ基をもつカルボン酸であるクエン酸($C_6H_8O_7$)，リンゴ酸(HOOCCH(OH)-CH_2COOH)，酒石酸(HOOCCH(OH)CH(OH)COOH)の存在によるものである．

カルボキシ基およびそれと関連する官能基の性質を知ることは，食品における

* アミド基(R^1-C(=O)-NR^2R^3)をもつ化合物．

炭素(C)の数	名称	構造式	炭素(C)の数	名称	構造式
2	グリコール酸	$HOCH_2COOH$	4	クロトン酸	*trans*-$CH_3CH{=}CHCOOH$
3	アクリル酸	$CH_2{=}CHCOOH$	4	リンゴ酸	$HOOCCH_2\underset{\underset{OH}{\mid}}{C}HCOOH$
3	プロピオル酸	$HC{\equiv}CCOOH$	4	酒石酸	$HOO\overset{\overset{OH}{\mid}}{C}CH\underset{\underset{OH}{\mid}}{C}HCOOH$
3	乳酸	$CH_3\underset{\underset{OH}{\mid}}{C}HCOOH$	6	クエン酸	$HOOCCH_2\overset{\overset{OH}{\mid}}{\underset{\underset{COOH}{\mid}}{C}}CH_2COOH$
3	ピルビン酸	$CH_3\underset{\underset{O}{\parallel}}{C}COOH$	9	ケイ皮酸	*trans*-$C_6H_5CH{=}CHCOOH$
4	アセト酢酸	$CH_3\underset{\underset{O}{\parallel}}{C}CH_2COOH$	11	ウンデシレン酸	$H_2C-CH(CH_2)_8COOH$

表6.2 よく知られた多官能基カルボン酸
COOH 以外に -OH，C=C など，2つ以上の官能基をもったカルボン酸を多官能基カルボン酸という．

油脂，あるいはカルボキシ基が結合している炭素に，アミノ基 ($-NH_2$) も結合しているα-アミノ酸($RCH(NH_2)COOH$，R：側鎖)の化学を理解するうえで，必要不可欠である．

b. エステル

酸とアルコールとが反応して生成する化合物をエステルという．反応式に示したように，酢酸とエタノールが反応すると酢酸エチル($CH_3COOC_2H_5$)が生成する．

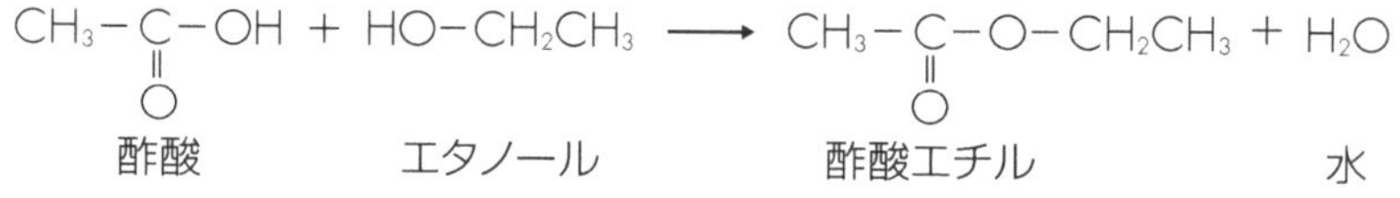

$$\underset{\text{酢酸}}{CH_3-\underset{\underset{O}{\parallel}}{C}-OH} + \underset{\text{エタノール}}{HO-CH_2CH_3} \longrightarrow \underset{\text{酢酸エチル}}{CH_3-\underset{\underset{O}{\parallel}}{C}-O-CH_2CH_3} + \underset{\text{水}}{H_2O}$$

エステルは，自然界には広く存在し，しばしば芳香性を示す．たとえば，リンゴの香りはイソ吉草酸イソペンチル($(CH_3)_2CHCH_2COOCH_2CH_2CH(CH_3)_2$)，バナナの香りは酢酸イソペンチル($CH_3COOCH_2CH_2CH(CH_3)_2$)である．エステルの化学は，脂質の生化学を理解するうえで重要である．

c. エステルの形で存在する脂肪酸

炭素数の多いカルボン酸(R-COOH)は，高級カルボン酸あるいは長鎖脂肪酸という．食品における脂肪酸は，ほとんどグリセロール($CH_2(OH)CH(OH)CH_2OH$)とのエステルの形(トリアシルグリセロール)で存在している(図6.6)．食品の油脂の

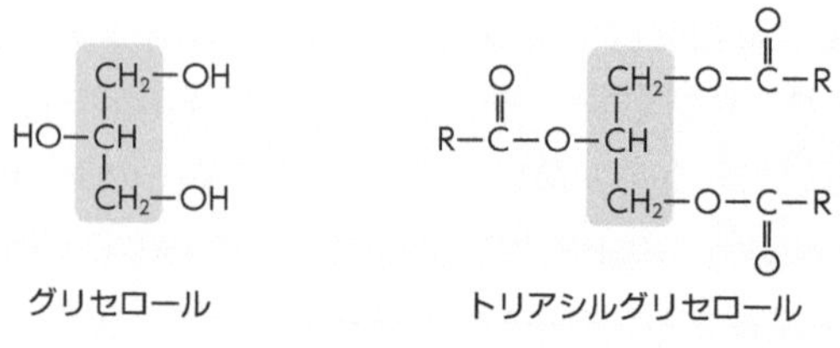

$$\begin{array}{rl} & CH_2-OH \\ & \mid \\ HO- & CH \\ & \mid \\ & CH_2-OH \end{array}$$

グリセロール

$$\begin{array}{rl} & CH_2-O-\overset{\overset{O}{\parallel}}{C}-R \\ & \mid \\ R-\overset{\overset{O}{\parallel}}{C}-O- & CH \\ & \mid \\ & CH_2-O-\underset{\underset{O}{\parallel}}{C}-R \end{array}$$

トリアシルグリセロール

図6.6 エステルの形で存在する中性脂肪の構造
グリセロールの3個の -OH をすべて COOR で置換した(エステル化した)ものをトリアシルグリセロール(トリグリセリド)という．1個の -OH だけをエステル化したものはモノアシルグリセロール(モノグリセリド)である．

脂肪酸名 ＼ 油脂名		化学式	バター	ラード	牛脂	オリーブ油	落花生油	やし油	大豆油	ゴマ油
飽和脂肪酸	酪酸	C_3H_7COOH	2.9	–	0	–	–	0	–	–
	ヘキサン酸(カプロン酸)	$C_5H_{11}COOH$	1.8	–	0	–	–	0.5	–	–
	オクタン酸(カプリル酸)	$C_7H_{15}COOH$	1.0	–	0	–	–	7.6	–	–
	デカン酸(カプリン酸)	$C_9H_{19}COOH$	2.1	0.8	0	0	0	5.6	0	0
	ラウリン酸	$C_{11}H_{23}COOH$	2.5	0.1	0.1	0	0	43.0	0	0
	ミリスチン酸	$C_{13}H_{27}COOH$	8.2	1.6	2.2	0	0.0	16.0	0.1	0
	パルミチン酸	$C_{15}H_{31}COOH$	22.0	23.0	23.0	9.8	11.0	8.5	9.9	8.8
	ステアリン酸	$C_{17}H_{35}COOH$	7.5	13.0	14.0	2.9	3.0	2.6	4.0	5.4
不飽和脂肪酸	オレイン酸	$C_{17}H_{33}COOH$	16.0	40.0	41.0	73.0	42.0	6.5	22.0	37.0
	リノール酸	$C_{17}H_{31}COOH$	1.7	8.9	3.3	6.6	29.0	1.5	50.0	41.0
	α-リノレン酸	$C_{17}H_{29}COOH$	0.3	0.5	0.2	0.6	0.2	0	6.1	0.3

表6.3 油脂に含まれる脂肪酸組成
ゴマ油や大豆油は半乾性油，オリーブ油や落花生油は不乾性油. 出典で「未測定」と記載されているものを「-」，最小記載量の1/10未満または検出されずに「0」と記載されているものを「0」としている.
[資料：文部科学省，日本食品標準成分表(八訂)増補 2023 年]

主成分は，このトリアシルグリセロールであるが，サラダ油やてんぷら油のように常温で液体であるもの(油：oil)ならびにヘット(牛脂)やラード(豚脂)のように常温で固体のもの(脂：fat)の 2 つの形態で存在している．この形態の違いは，油脂を構成している脂肪酸の性質に依存している．

油脂に含まれるおもな脂肪酸は，表 6.3 に示しているように，炭素数 4 ～ 18 のものであり，炭素数が少ないものほど，また，二重結合の数が多いもの，すなわち不飽和度が大きいほど融点は低い．ラードやバターなどの動物性油脂には，パルミチン酸($C_{15}H_{31}COOH$)という**飽和脂肪酸**＊1 が多く含まれ，大豆油やゴマ油などの植物性油脂には，リノール酸などの**不飽和脂肪酸**＊2 が多く含まれている．また，魚油には，近年，血栓をできにくくする効果があるため，脳梗塞(こうそく)や心筋梗塞の予防に役立つ成分として注目されているイコサペンタエン酸(IPA，$C_{19}H_{29}COOH$)やドコサヘキサエン酸(DHA，$C_{21}H_{31}COOH$)など二重結合を多くもつ**多価不飽和脂肪酸**を含んでいる．

＊1　飽和脂肪酸：カルボキシ基を除いた炭化水素鎖に二重結合をもたない脂肪酸.
＊2　不飽和脂肪酸：カルボキシ基を除いた炭化水素鎖に二重結合を 1 つ以上もつ脂肪酸で，2 つ以上もつ脂肪酸を多価不飽和脂肪酸という.

d. 石けん

脂質を水酸化ナトリウム(NaOH)とともに加熱すると，長鎖脂肪酸のナトリウム塩とグリセロールが生成する(図 6.7)．この加水分解反応をけん化といい，このナトリウム塩が石けんである．

石けんは弱いアルカリ性を示す．このため，羊毛や絹のようなタンパク質からなる繊維に対して変質させやすいため，これらの繊維の洗浄には適さない．また，マグネシウム(Mg)やカルシウム(Ca)に富んだ硬水中では，石けんは泡立たず，

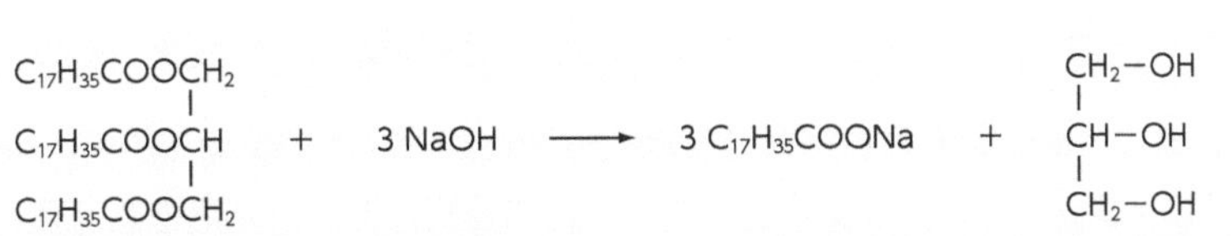

$$\begin{matrix} C_{17}H_{35}COOCH_2 \\ | \\ C_{17}H_{35}COOCH \\ | \\ C_{17}H_{35}COOCH_2 \end{matrix} + 3\,NaOH \longrightarrow 3\,C_{17}H_{35}COONa + \begin{matrix} CH_2-OH \\ | \\ CH-OH \\ | \\ CH_2-OH \end{matrix}$$

ステアリン酸グリセリド　　水酸化ナトリウム　　ステアリン酸ナトリウム　　グリセロール

図6.7 脂質の加水分解(けん化)

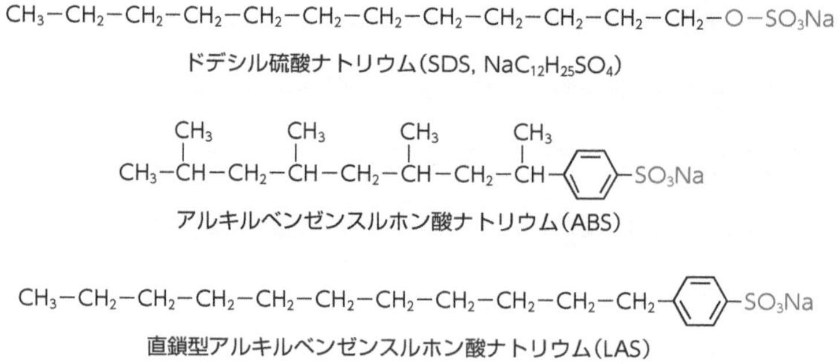

$CH_3-CH_2-CH_2-CH_2-CH_2-CH_2-CH_2-CH_2-CH_2-CH_2-CH_2-CH_2-O-SO_3Na$

ドデシル硫酸ナトリウム(SDS, $NaC_{12}H_{25}SO_4$)

$CH_3-CH(CH_3)-CH_2-CH(CH_3)-CH_2-CH(CH_3)-CH_2-CH(CH_3)-C_6H_4-SO_3Na$

アルキルベンゼンスルホン酸ナトリウム(ABS)

$CH_3-CH_2-CH_2-CH_2-CH_2-CH_2-CH_2-CH_2-CH_2-CH_2-CH_2-C_6H_4-SO_3Na$

直鎖型アルキルベンゼンスルホン酸ナトリウム(LAS)

図6.8 合成洗剤の例
赤字部分は油になじみやすいところ.

洗浄効果は弱い．このため，親水性の部分を，強酸の硫酸基(-OSO_3H)あるいはスルホン酸(R-SO_3H)のナトリウム塩とした**洗剤(界面活性剤)**が開発されている(図6.8)．界面活性剤とは，分子内に親水基と親油基(油になじむ)をもつ物質をいう．これらの界面活性剤は，水に溶かしても中性であり，Mg^{2+}やCa^{2+}が存在しても結合しないという優れた性質をもっている．このような洗剤は中性洗剤という．

脂肪酸とクエン酸回路

糖由来のピルビン酸から生成するアセチルCoAおよび脂肪酸のβ酸化により生成するアセチルCoAは生体内で好気的にエネルギーを産生するクエン酸回路に流入する．その後，カルボン酸であるクエン酸，コハク酸，ならびにリンゴ酸などが10種類の酵素の関与による段階を経て代謝され，NADHや$FADH_2$を生成し，酸化的なリン酸化によりATPを生じる．

脂質に含まれる脂肪酸のうち，不飽和脂肪酸として，オレイン酸などのn−9(エヌマイナス)系，リノール酸やアラキドン酸などのn−6系，リノレン酸，イコサペンタエン酸やドコサヘキサエン酸などのn−3系が存在している．しかし，私たちは，n−6系およびn−3系の脂肪酸を合成することができず，他から栄養成分として摂取しなければならない．

C. 芳香族化合物

ベンゼン(C_6H_6)は石炭の乾留により得られる芳香性をもった炭化水素で，図6.9に示したように正六角形の平面構造をしている．ベンゼンのような環構造はベンゼン環といい，6個のπ電子は環状に広がり，特有の共鳴構造をしている．石炭の乾留成分中に含まれるベンゼンに類似した化合物群はいずれも芳香性をもつので，これら一群の化合物を芳香族化合物という．トルエン($C_6H_5CH_3$)はベンゼン環にメチル基(-CH_3)が結合したもので，芳香性があり，溶剤として用いられる．ベンゼンおよびトルエンは吸引すると白血球の減少をもたらす有害作用を示す．

図6.9 ベンゼン(C_6H_6)の構造とベンゼン環の表現法
環構造では炭素と水素を省略した形で表すことが多い.

ベンゼンの構造式

略式記号

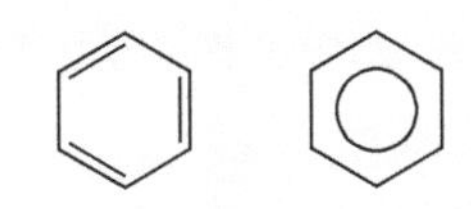

左は，構造の提案者ケクレにちなみ，ケクレ構造式といわれている.

①向きは，でも同じもの.

② と も同じもの.

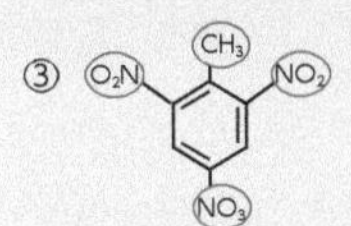

③ ○印の部分には結合している元素を書く．この場合，H は略し，特徴ある基のみを書く.

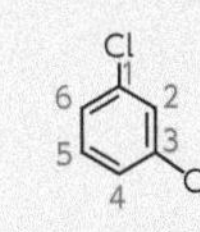

④炭素を時計回りに 1~6 まで番号をつけて C1 とC2 を表す．1,3-ジクロロベンゼンなどと，環のどこにジ(2つの)クロロ(Cl)がついているかを表すこともある. なお, 向かい合っている位置を *p*(パラ)，隣同士を *o*(オルト)，1つあきを *m*(メタ)ともいう.

図6.10 芳香族化合物の構造式
p-ジクロロベンゼンはハロゲン化物である.

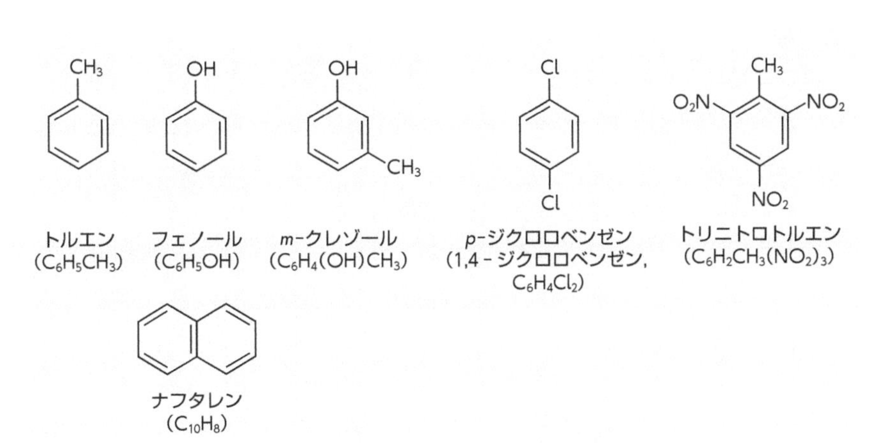

ベンゼンにヒドロキシ基(-OH)のついたフェノール(石炭酸，C_6H_5OH)やクレゾール($C_6H_4(OH)CH_3$)は殺菌作用をしめすので，消毒液として利用される．また，ベンゼン環が2つ縮合したナフタレン($C_{10}H_8$)は防虫剤として利用されている．さらに，トルエンは，濃硝酸と硫酸の混合液と反応させるとニトロ化され，トリニトロトルエン(TNT，$C_6H_2CH_3(NO_2)_3$)が生成する．トリニトロトルエンは爆発性があり，砲弾などに用いられる火薬である．図 6.10 にいろいろな芳香族化合物を示している.

6.3 生体，食品における有機化合物

生体や食品には無数の有機化合物が存在している．とりわけ，糖質(炭水化物から食物繊維を差し引いたもの)，タンパク質，脂質，核酸などが栄養素として重要な

その他の生活に関連する有機化合物

繊維(天然繊維，食物繊維)

セルロース($(C_6H_{10}O_5)_n$)は木材や野菜の繊維質などを構成する高分子化合物であり，天然に最も多量に存在する多糖(炭水化物)でもある．その構造は，D-グルコースが C_1 と C_4 の間で β1→ 4グリコシド結合をしている重合体である．おもに綿花や麻などの植物体からセルロース繊維(木綿)が製造されている．また，絹(生糸)はカイコの「まゆ」を，ウールはヒツジの毛を原料としてそれぞれ製造されるタンパク質からなる天然繊維である．

なお，ヒトはセルロースを分解する消化酵素を分泌しないので，セルロースを食物として摂取しても消化・吸収されることはないが，整腸作用などがあるため不溶性食物繊維のひとつとしての機能をもっている．

薬と毒

健康を損なう物質が毒であり，逆に病気を治し健康を維持する物質を薬という．一般に薬と毒は正反対のものだと考えられがちであるが，どちらも著しい生理作用をもっているという点で共通している．そこには光学活性という化学物質の立体構造の差異が大きく機能している．

優れた睡眠薬，鎮静剤として開発されたサリドマイド(3'-(*N*-フタルイミド)グルタルイミド)は，当初 D 体と L 体の混合物であるラセミ体として発売されたが，後に催奇性という副作用が認められ，製造中止となった．この D 体と L 体のうち，L 体のみが催奇性を有することが明らかとなっている．

はたらきをしている．ここではこれらの有機化合物の特徴を解説する．

A. 糖質

a. 単糖類

加水分解しても，それ以上簡単な糖にならないものを単糖という．単糖類は，さらに分子中の炭素原子の数によって分けられる(表 6.4)．

b. オリゴ糖と多糖類

1 つの分子を加水分解したとき 2 ～ 6 個の単糖を生成するものをオリゴ糖(少糖類)という．オリゴ糖には単糖が 2 個結合した二糖類，3 個結合した三糖類などがある．また，1 つの分子の加水分解で多数の単糖を生成するものは多糖といい，たとえばデンプンの 1 つであるアミロース($(C_6H_{10}O_5)_n$)は，グルコースが α1→4 グリコシド結合した多糖であり，セルロース($(C_6H_{10}O_5)_n$)は β1→4 グリコシド結合した多糖である．

表6.4 糖質を構成している炭素骨格による分類
-CHOをもつものをアルドース，>C=Oをもつものをケトースという．

名称			分子式	構成糖(別名)
単糖類	トリオース	アルドース	$C_3H_6O_3$	グリセルアルデヒド
		ケトース		ジヒドロキシアセトン
	テトロース	アルドース	$C_4H_8O_4$	トレオース
				エリトロース
	ペントース	アルドース	$C_5H_{10}O_5$	アラビノース
				キシロース
				リボース
	ヘキソース	アルドース	$C_6H_{12}O_6$	グルコース(ブドウ糖)
				ガラクトース
				マンノース
		ケトース		フルクトース(果糖)
二糖類	スクロース		$C_{12}H_{22}O_{11}$	グルコース＋フルクトース(ショ糖)
	マルトース			グルコース＋グルコース(麦芽糖)
	ラクトース			グルコース＋ガラクトース(乳糖)
多糖類	デンプン		$(C_6H_{10}O_5)_n$	グルコース
	グリコーゲン			グルコース
	セルロース			グルコース
	グルコマンナン		$(C_6H_{10}O_5 \cdot C_6H_8O_4)_n$	グルコース＋マンノース

B. アミノ酸とタンパク質

a. アミノ酸

1つの分子にアミノ基($-NH_2$)とカルボキシ基(-COOH)をもつ有機化合物を，アミノ酸という．天然のアミノ酸はそのほとんどがα-アミノ酸であり，タンパク質を構成するアミノ酸については20種類が存在する(表6.5)．グリシンを除くアミノ酸は，すべて光学活性なL-α-アミノ酸である．リシン，アルギニン，ヒスチジンなどは水に溶けやすく，フェニルアラニン，チロシンなどは溶けにくい．

b. タンパク質

α-アミノ酸のアミノ基とカルボキシ基とが分子間で脱水縮合が起こると，2つのα-アミノ酸がペプチド結合(アミド結合)によってつながり，ペプチドといわれる(図6.11)．2つのアミノ酸が結合したものをジペプチド，さらに構成されるアミノ酸の数により，トリペプチド，テトラペプチド，…，ポリペプチドという．100個以上のアミノ酸からなるポリペプチドをタンパク質という．わずか20種あまりのアミノ酸から構成されているにもかかわらず，多種多様なタンパク質が存在するのは，20種のアミノ酸の配列順序や結合しているアミノ酸の数が異なるためである．タンパク質は極めて複雑な構造をしているが，一次構造，二次構造，三次構造および四次構造の4つの構造に分類される(図6.12)．一次構造とは，

表6.5 生体に含まれるL-α-アミノ酸

α-アミノ酸の基本構造

$$H_2N-\underset{H}{\overset{R}{C}}-COOH$$

R：側鎖　H_2N：アミノ基　COOH：カルボキシ基

	アミノ酸	側鎖（R）
(1) 簡単な側鎖のアミノ酸	グリシン	H—
	アラニン	H_3C-
	バリン	$(H_3C)_2CH-$
	ロイシン	$(H_3C)_2CH-CH_2-$
	イソロイシン	$H_3C-CH_2-CH(CH_3)-$
(2) ヒドロキシ基（-OH）を含むアミノ酸	セリン	$CH_2(OH)-$
	トレオニン（スレオニン）	$H_3C-CH(OH)-$
	チロシン	HO—（ベンゼン環）—CH_2-
(3) 硫黄（S）を含むアミノ酸	システイン	$CH_2(SH)-$
	メチオニン	$CH_3-S-CH_2-CH_2-$
(4) 酸性基あるいはそのアミドを含むアミノ酸	アスパラギン酸	$HOOC-CH_2-$
	アスパラギン	$H_2N-C(=O)-CH_2-$
	グルタミン酸	$HOOC-CH_2-CH_2-$
	グルタミン	$H_2N-C(=O)-CH_2-CH_2-$
(5) 塩基性基を含むアミノ酸	アルギニン	$H-N(C(=NH)NH_2)-CH_2-CH_2-CH_2-$
	リシン（リジン）	$CH_2(NH_2)-CH_2-CH_2-CH_2-$
	ヒスチジン	（イミダゾール環：HN, N）—CH_2-
(6) ベンゼン環を含むアミノ酸	**フェニルアラニン**	（ベンゼン環）—CH_2-
	チロシン	(2)を参照
	トリプトファン	（インドール環：N—H）—CH_2-
(7) イミノ酸	プロリン*	（ピロリジン環：N—H）—COOH

■：不可欠アミノ酸（必須アミノ酸）．＊ プロリンは側鎖のみではなく，全体を示している．イミノ酸だが，遺伝暗号表に含まれるため，生化学ではアミノ酸に含めることがある．

図6.11 ペプチドとタンパク質

$$H_2N-\underset{H}{\overset{R_1}{C}}-COOH + H_2N-\underset{H}{\overset{R_2}{C}}-COOH \rightarrow H_2N-\underset{H}{\overset{R_1}{C}}-\overset{O}{\overset{\|}{C}}-\overset{H}{N}-\underset{H}{\overset{R_2}{C}}-COOH + H_2O$$

アミノ酸　アミノ酸　ペプチド

アミノ酸とアミノ酸がペプチド結合を繰り返す

100 個以上つながる

$$H_2N-\underset{H}{\overset{R}{C}}-\overset{O}{\overset{\|}{C}}-\overset{H}{N}-R-\overset{O}{\overset{\|}{C}}-\overset{H}{N}\cdots\cdots\overset{O}{\overset{\|}{C}}-\overset{H}{N}-\underset{H}{\overset{R}{C}}-COOH$$

N 末端　タンパク質　C 末端

図6.12 タンパク質の構造

○：N末端

▲：C末端

−SH：メルカプト基

一次構造

$$NH_2-\underset{H}{\overset{R_1}{C}}-\overset{O}{\overset{\|}{C}}-\overset{H}{N}-\underset{H}{\overset{R_2}{C}}-\overset{O}{\overset{\|}{C}}-\overset{H}{N}-\underset{H}{\overset{R_3}{C}}-\overset{O}{\overset{\|}{C}}\cdots\cdots-\overset{H}{N}-\underset{H}{\overset{R_n}{C}}-COOH$$

二次構造　α ヘリックス

1ピッチ 0.54 nm (3.6残基)

0.5 nm

β シート構造

水素結合

三次構造

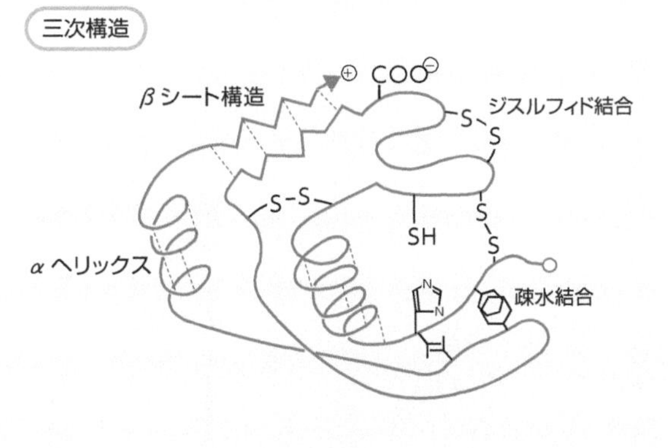

四次構造

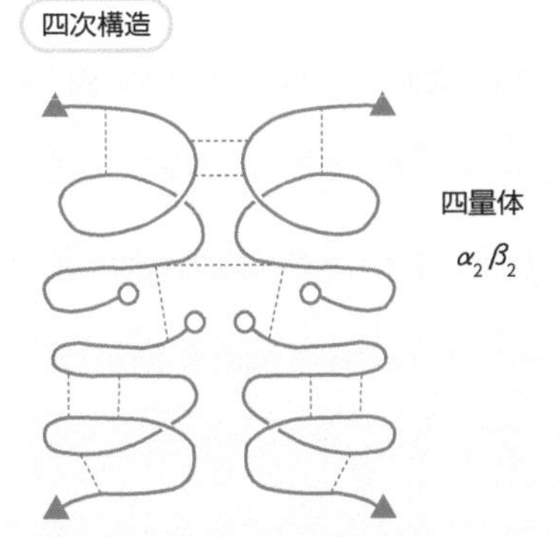

タンパク質を構成しているアミノ酸の結合順序，すなわちアミノ酸配列をいう．二次構造とは，ポリペプチド鎖のカルボニル基(>C=O)とイミノ基(>NH)との間で形成される水素結合によって生じる局部的な立体構造をいう．図 6.12 に示したように，αヘリックスやβシート構造などがある．三次構造とは，構成アミノ酸の側鎖間で形成される疎水結合，イオン結合，水素結合などによって生じる立体構造をいう．この構造により，タンパク質のポリペプチド鎖はより小さく折りたたまれた構造をとる．四次構造とは，一定の三次構造をもったポリペプチド鎖が複数個会合している構造をいう．単位となる構成するポリペプチド鎖を単量体(サブユニット)，会合しているタンパク質全体を多量体(ポリマー)という．二次構造，三次構造および四次構造は高次構造という．高次構造を形成している結合は弱い結合なので，熱，酸・アルカリ，重金属イオンなどにより，破壊される．この現象を変性という．タンパク質は変性すると，タンパク質がもつ機能を失う(失活)．

C. 脂質

脂質は，糖質やタンパク質のような特徴的な化学構造をもたず，一般に水に不溶で有機溶媒に溶ける化合物の総称である．脂質は表 6.6 のように大別される．ここでは石けん，塗料など日常生活に極めて重要なものを取り上げる．脂肪酸については 6.2 節を参照のこと．

a. 単純脂質

動植物中に広く分布し，エネルギー源として体内に蓄えられている．一般に室温で液体のものを油，固体のものを脂といい，両者を総称して油脂という．油脂のうち，中性脂肪という化合物の一般的な構造は長鎖脂肪酸のグリセロールエステル(トリアシルグリセロール)である．ロウ(ワックス)の一般構造は，高級アルコールと長鎖脂肪酸のエステルで示される．

b. 複合脂質

(1)リン脂質　グリセロールを骨格とするグリセロリン脂質と，スフィンゴシンを骨格とするスフィンゴリン脂質がある．トリアシルグリセロールの脂肪酸の 1 つが，リン酸に変わったホスファチド酸とアルコール部分とでエステルをつくっている脂質で，アルコール部分がコリン($HO-CH_2-CH_2-\overset{+}{N}(CH_3)_3$)のものをレシ

単純脂質	油脂	グリセロールと長鎖脂肪酸のエステル(トリアシルグリセロールを指し，中性脂肪ともいう)
	ロウ	グリセロール以外の高級アルコールと長鎖脂肪酸のエステル
複合脂質	リン脂質	リン酸エステルを含むモノまたはジエステルの形の脂質
	糖脂質	1 個以上の単糖がグリコシド結合で脂質に結合している化合物
	ステロイド	ステロイド骨格(図 6.14 参照)を基本構造にもつ化合物

表6.6 脂質の分類
単純脂質や複合脂質の加水分解生成物を誘導脂質(脂肪酸，カロテノイドなど)として分類することもある．

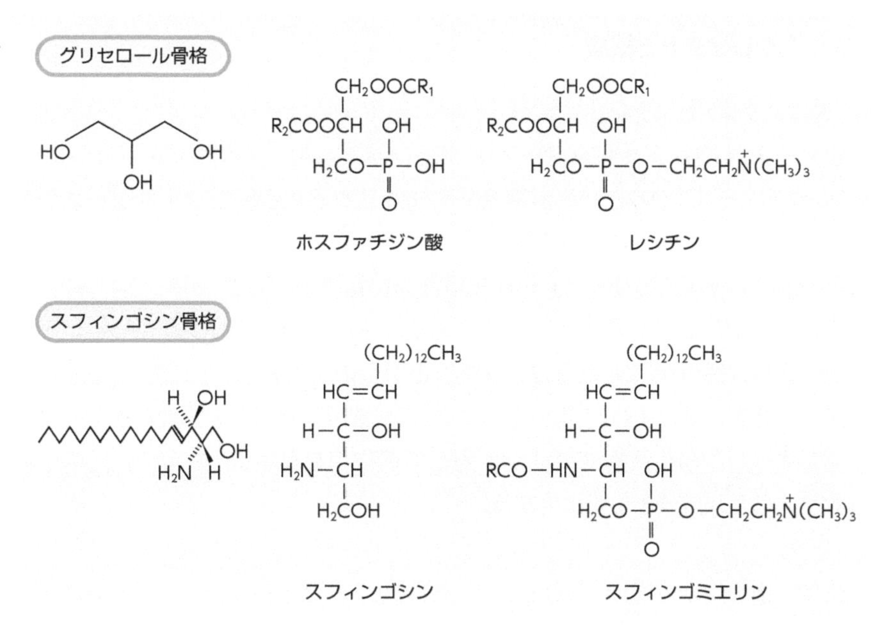

図6.13 グリセロリン脂質およびスフィンゴリン脂質

チン(ホスファチジルコリン)といい，卵黄，大豆，動物の脳などに含まれている．

また，スフィンゴシン($C_{18}H_{37}NO_2$)にリン酸(H_3PO_4)とコリンのついたリン脂質をスフィンゴミエリンという．これらは脳や神経に分布して生体膜の構成成分となり，生理的に極めて重要な脂質として機能する(図 6.13)．

(2)糖脂質　代表的なものはスフィンゴシンのアミノ基(-NH_2)の部分がカルボン酸アミドになり，さらに糖(ほとんどがガラクトース)が結合している脂質で，神経，脳のほかに腎臓，肝臓に存在していて細胞膜の構成成分となる．

(3)ステロイド　図 6.14 のような**ステロイド骨格**を基本構造にもつ脂質群をステロイドという．動物特有のステロイドであるコレステロールはすべての細胞に分布しており，胆汁酸，性ホルモン，ビタミン D などの前駆体として極めて重要なはたらきをしている．一方，血液や胆汁中にも存在し，過多になると動脈硬化や胆石発生の原因にもなっている．ステロイドは有機溶媒に溶けやすい性質をもつ．

図6.14 ステロイド骨格
それぞれの環を A 環，B 環，C 環といい，D 環は五員環である．
1 ～ 19 は炭素の番号．

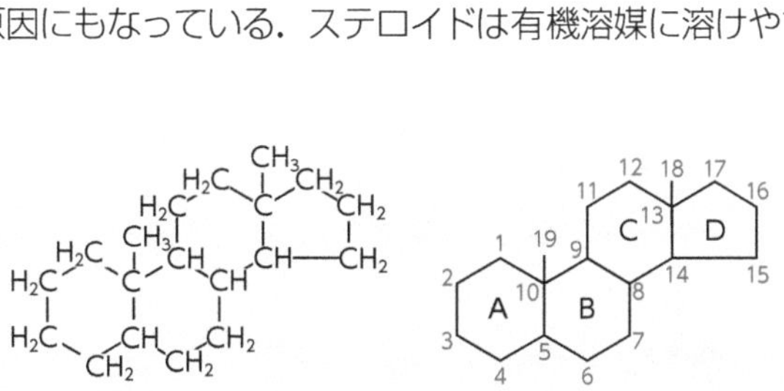

D. ヌクレオチドと核酸

a. ヌクレオシドとヌクレオチド

リボース（または，デオキシリボース）と塩基（アデニン（A），グアニン（G），シトシン（C），ウラシル（U），チミン（T））とが脱水縮合してつくられる化合物をリボヌクレオシド（デオキシリボヌクレオシド）という（図6.15）．

ヌクレオシドにリン酸1分子（H_3PO_4）がついたアデノシン一リン酸（AMP），2分子のリン酸がついたアデノシン二リン酸（ADP），3分子のリン酸がついたアデノシン三リン酸（ATP）などをヌクレオチドという（図6.16）．

ヌクレオチドは，生体内で遺伝子（DNA）の構成成分としての重要な役割と「高エネルギーリン酸化合物（ATPなど）」としての作用を有する．さらに，その一部は食品中の旨味（うまみ）成分として作用する．

b. 核酸

生物の細胞内の「核」に存在し，生命現象をつかさどる核酸は，ヌクレオチドがホスホジエステル結合で連なったポリヌクレオチドである．この中で，構成成分の五炭糖がデオキシリボース（$C_6H_{10}O_4$）のものをデオキシリボ核酸（DNA），リボース（$C_5H_{10}O_5$）のものをリボ核酸（RNA）という．

ヌクレオシド，ヌクレオチドを含む核酸の構造の模式図を図6.16に示す．

(1) 核酸の一次構造　DNAはデオキシリボースに塩基（アデニン（A），グアニン

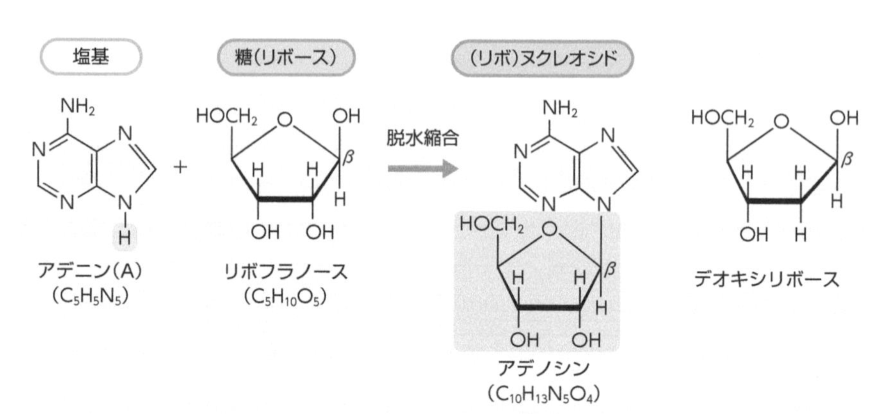

図6.15　ヌクレオシドの例

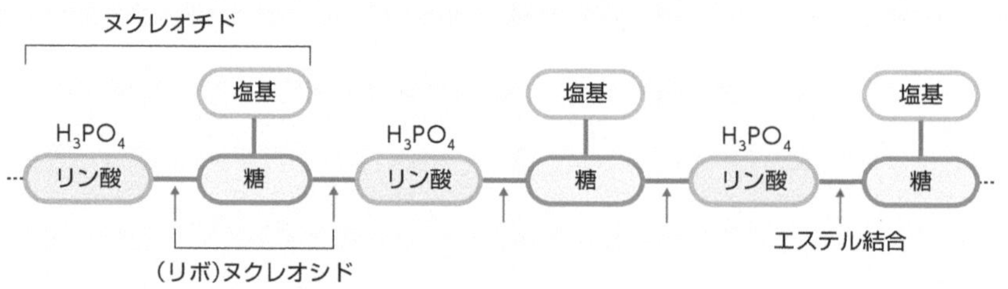

ヌクレオチド
塩基　塩基　塩基
H_3PO_4　H_3PO_4　H_3PO_4
…リン酸—糖—リン酸—糖—リン酸—糖…
（リボ）ヌクレオシド
エステル結合

図6.16　核酸（ポリヌクレオチド）の構造の模式図

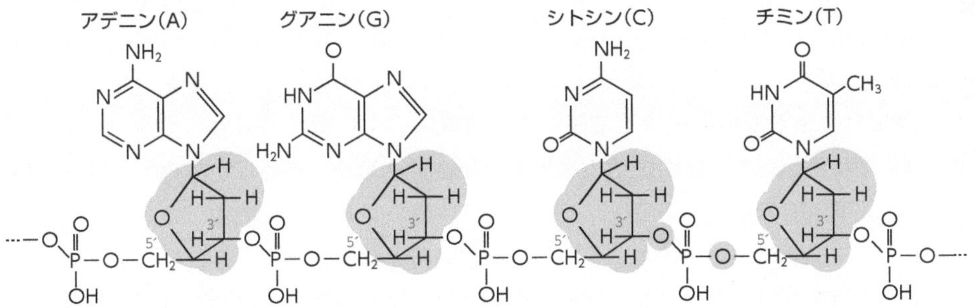

アデニン(A)　グアニン(G)　シトシン(C)　チミン(T)

図6.17　デオキシリボ核酸(DNA)の一次構造
3′，5′：C（炭素）の番号.
2か所の●はエステル結合である．ゆえにホスホジエステル結合である.

(G)，シトシン(C)，チミン(T))の結合したヌクレオチドが，糖の3′と5′の炭素でリン酸を介して結合(ホスホジエステル結合)した分子である(図6.17)．塩基の配列(結合の順序)は一定していないが，AとT，GとCの数は同じである.

RNAにはいろいろな種類(表6.7)があり，塩基構成に多少の違いがみられる．代表的なものは，D-リボースを糖にもち，A，G，C，U(ウラシル)のいずれか1つの塩基から構成されるヌクレオチドが，DNAと同様にホスホジエステル結合したポリヌクレオチドである．DNAと違って1本の鎖状重合体である．塩基間の結合性には相補性があり，CとG，AとUとの間に水素結合ができる.

DNAの塩基とも相補的に水素結合をつくるが，このときの対はCとGのほかに，AとUまたはAとTという組み合わせになる.

(2)DNAの高次構造　1953年，ワトソンとクリックはDNAの二次構造が，p.25のコラムに示したように，右巻き二重らせん構造で，AとT，GとCが塩基対となって水素結合で結ばれ，10個の塩基対ごとに**らせん構造**が1回転する空間配置をとることを明らかにした．DNAの**二重らせん構造**は，さらに超らせん構造(らせん構造体がさらにらせん構造をとったりすること)を形成し，タンパク質に巻きつき(核タンパク質)，より密度の高い高次構造を形成することによって**クロマチン**となり，細胞の核内に局在している.

表6.7 おもなRNA

	おもな特徴
mRNA (メッセンジャーRNA 伝令RNA)	タンパク質の一次構造(アミノ酸配列)の鋳型となるDNA(遺伝子)の塩基配列を転写する．分子量10^5くらいまで
tRNA (トランスファーRNA 転移RNA)	コドン(アミノ酸を規定するmRNAの3連塩基)と相補的なアンチコドンをもち，コドンに対応したアミノ酸をリボソーム上に運んでくる．分子量約2.5×10^4
rRNA (リボソームRNA)	リボソームの主成分で，翻訳(コドンに対応したアミノ酸を結合していく過程)などに関与する

E. 酵素

生物の細胞内では摂取された栄養成分などの化学物質は，**酵素タンパク質**（酵素）により触媒される化学反応によってさまざまな物質につくり変えられる．それらの化学反応が起こるためには**活性化エネルギー**が必要である．一般に合成化学などでいう試験管内での化学反応では，反応速度を上昇させるために高温・高圧にするなどして高い活性化エネルギーを得ることが必要となる．ところが，生体内，ヒトの体温は通常37℃程度で，加熱することなく代謝反応は整然と進行している．なぜ体内における代謝反応はこのように速やかに進行するのであろうか．それは，酵素が，この反応系の活性化エネルギーを低く（小さく）するからである（図6.18）．

生体内での代謝反応を円滑に進めている酵素（タンパク質を主成分とする生体触媒と定義される）は，**基質特異性**（構造特異性と立体特異性）と**反応特異性**をもっていて，それぞれの酵素に特異的な**基質**という物質を，酵素分子内の活性中心*に結合させ，**酵素-基質複合体**を形成する．その結果，反応前後において酵素自体は変化することなく，常温・常圧条件下の細胞内での化学反応の活性化エネルギーを小さくすることで**反応速度**を速め，**生成物**を与える触媒の役割を担っている．酵素は一般的には化学反応の**平衡**には影響をおよぼさない．現在，生物の細胞内には4,000種類以上の酵素タンパク質が発見されている．

* 酵素タンパク質の高次構造におけるアミノ酸部分の立体的な位置関係から構成された基質の結合部位と反応の触媒部位

酵素反応は，図6.19のように酵素（E）と基質（S）とが，酵素-基質複合体（ES）を形成し，速やかに分解して生成物（P）を与える．酵素による触媒反応は原理的には**可逆反応**である．酵素が存在しない場合にはほとんど起こらない化学反応でも，酵素が存在すると反応速度が100万～1,000万倍に増加することもある．この酵素-基質複合体が形成された状態は，基質が酵素に結合したときに，その結合エネルギーを利用してすでに活性化状態（遷移状態）に達している．そのため，活性化エネルギーの山が小さくなっていて，反応速度が大きく（速く）なると考えれ

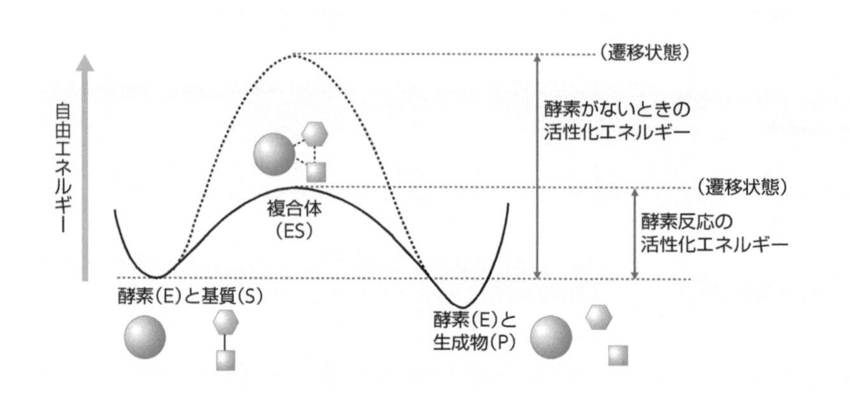

図6.18 酵素による活性化エネルギーの低下
酵素（E）と基質（S）は，複合体という高エネルギー状態を通って，反応が進む．

図6.19　酵素反応における酵素-基質複合体

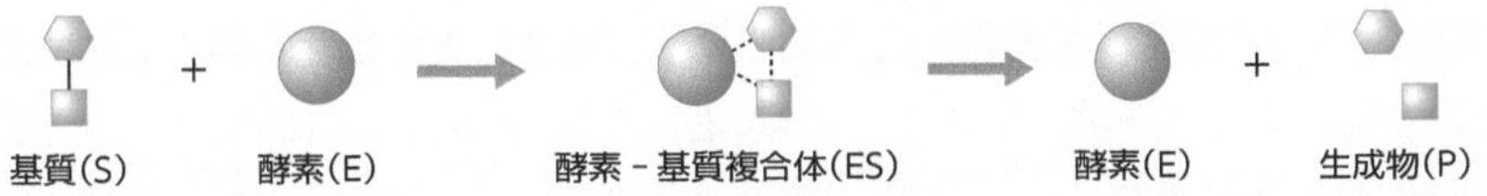

ば理解しやすい(図 6.18 参照).

すなわち，酵素反応には**至適**(最適)**温度**や**至適**(最適)**pH** が存在し，ほとんどの酵素の触媒反応は細胞内のような体温付近の温和な水系条件下で進行する．また水溶性ビタミンや金属イオンを，それぞれ**補酵素**や**補因子**として要求するものもある．さらに，**阻害剤**という化学物質により反応が阻害されるが，その阻害様式には**拮抗阻害**と**非拮抗阻害**などがあり，生体内での代謝制御に功を奏している．

酵素反応は触媒する反応の種類によって，次の６つのグループに大別される(表 6.8)．

表6.8　酵素の分類と代表例

酵素の分類	EC クラス*	反応に関与する構造	代表的酵素
1　酸化還元酵素(オキシドレダクターゼ)	1.1	>CH−OH	アルコールデヒドロゲナーゼ
	1.2	>C=O	アルデヒドデヒドロゲナーゼ
	1.3	−CH−CH−	メソ酒石酸デヒドロゲナーゼ
	1.4	$-CH-NH_2$	グルタミン酸デヒドロゲナーゼ
	1.15	O_2^-	スーパーオキシドジスムターゼ
2　転移酵素(トランスフェラーゼ)	2.2	>C=O	トランスケトラーゼ
	2.3	RCO−	アミノ酸アセチルトランスフェラーゼ
	2.6	$H_2N-\overset{\vert}{\underset{\vert}{C}}-$	アスパラギン酸アミノトランスフェラーゼ
3　加水分解酵素(ヒドロラーゼ)	3.1	エステル結合	アセチルコリンエステラーゼ
	3.2	グリコシド結合	α-アミラーゼ
	3.4	ペプチド結合	トリプシン
	3.8	C-ハロゲン結合	2-ハロ酸デハロゲナーゼ
4　脱離酵素(リアーゼ)	4.1	$-\overset{\vert}{\underset{\vert}{C}}-\overset{\vert}{\underset{\vert}{C}}-$	グルタミン酸デカルボキシラーゼ
	4.2	$-\overset{\vert}{\underset{\vert}{C}}-O-$	フマル酸ヒドラターゼ
	4.3	$-\overset{\vert}{\underset{\vert}{C}}-N<$	アスパラギン酸アンモニアリアーゼ
5　異性化酵素(イソメラーゼ)	5.1	$R-CH(NH_2)COOH$	アラニンラセマーゼ
	5.2	シス-トランス構造	マレイン酸イソメラーゼ
6　合成酵素(ATP依存性)(リガーゼ)	6.1	$-\overset{\vert}{\underset{\vert}{C}}-O-$	アミノ酸tRNA シンテターゼ
	6.3	$-\overset{\vert}{\underset{\vert}{C}}-N-$	グルタミンシンテターゼ
	6.4	$-\overset{\vert}{\underset{\vert}{C}}-\overset{\vert}{\underset{\vert}{C}}-$	ピルビン酸カルボキシラーゼ
7　輸送酵素(トランスロカーゼ)	7.1	H^+	ATPシンターゼ
	7.2	陽イオン	Na^+-K^+ATPアーゼ

＊　ECは酵素番号でenzyme commission numbersの略．たとえばEC1.1.1.1 では，１番目の１は酸化還元酵素を，２番目の１は -CH-OH- 結合にはたらき，３番目の１は NAD^+ や $NADP^+$ を用いることを示し，最後の１は同様の反応を行う酵素の順番を示している．

a. 酸化還元酵素(オキシドレダクターゼ)

基質と生成物あるいは補酵素との間の電子の授受を主体とする酸化還元反応を触媒する．アセトアルデヒド(CH_3CHO)とエタノール(C_2H_5OH)との間の可逆的な酸化還元を触媒するNAD(P)$^+$*依存性アルコールデヒドロゲナーゼ，酸素(O_2)を酸化に利用するオキシダーゼ，過酸化水素(H_2O_2)を酸化に用いるペルオキシダーゼ，基質にヒドロキシ基を酸化的に導入する反応を触媒するオキシゲナーゼなどをはじめ，酸化還元反応を触媒する多数の酵素が存在する．さらに，表6.8中に示した酵素以外に，乳酸デヒドロゲナーゼ(LDH)，カタラーゼ，D-アミノ酸オキシダーゼ，グルコースオキシダーゼ，ポリフェノールオキシダーゼなどがある．

* NAD(P)$^+$は，NAD$^+$(ニコチンアミドアデニンジヌクレオチド)またはNADP$^+$(ニコチンアミドアデニンジヌクレオチドリン酸)，あるいはその両方を表す表現法．

b. 転移酵素(トランスフェラーゼ)

アミノ酸アセチルトランスフェラーゼなど，基質分子のメチル基やアミノ基，アルキル基，カルボニル基，グリコシル基，リン酸基などの官能基を他の基質分子に移す反応を触媒する酵素をいう．さらに，表中に示した酵素以外に，ヘキソキナーゼ，グリコシルトランスフェラーゼなどがある．

c. 加水分解酵素(ヒドロラーゼ)

C-O，C-N，C-C，P-Oなど単結合に水分子(H_2O)が付加して起こる分解反応を触媒する．プロテアーゼ，ペプチダーゼ，リパーゼ，エステラーゼ，アミラーゼ，セルラーゼ，キシラナーゼ，マンナナーゼなどの数多くの加水分解酵素がこれに含まれる．

d. 脱離酵素(リアーゼ)

基質分子中のC-C，C-O，C-Nなどの結合を，加水分解または酸以外の方法で開裂して原子団(基)を脱離させ，二重結合を形成する反応や，その逆反応としてC=C，C=O，C=Nなどの結合に基を付加する反応を触媒する．アルドール縮合に関係するアルドラーゼ反応などは有機化学的観点から見ても重要な反応である．さらに，表中に示した酵素以外に，ピルビン酸デカルボキシラーゼ，グルタミン酸デカルボキシラーゼ，メチオニン-γ-リアーゼ，ペクチンリアーゼなどがある．

e. 異性化酵素(イソメラーゼ)

基質分子の官能基分子内で転位して異性体などを生成する反応を触媒する．ラセミ化，エピマー化，分子内転移などの反応を触媒し，基質の原子組成を変えずに，光学活性を変化させるなどの分子構造のみを変化させる．さらに，表6.8中に示した酵素以外に，グルコースイソメラーゼ，乳酸ラセマーゼ，グルタミン酸ラセマーゼ，メチルマロニルCoAムターゼなどがある．

f. 合成酵素(リガーゼ)

ATPなどのピロリン酸基の分解エネルギーを利用して，複数の基質分子を結

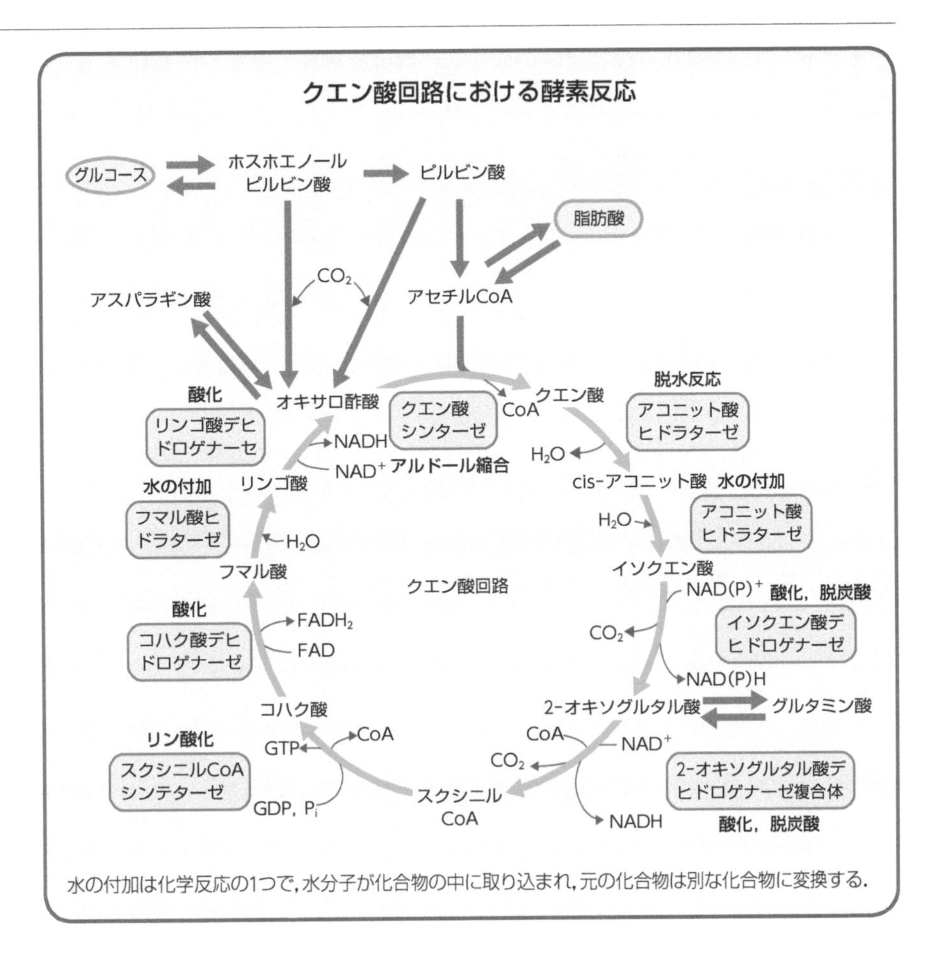

合させる反応を触媒する．グルタミンシンテターゼなどの ATP を反応に要求する数多くの合成酵素がここに含まれる．さらに，表 6.8 中に示した酵素以外に，アセチル CoA シンテターゼ，グルタチオンシンテターゼなどがある．

g. 輸送酵素（トランスロカーゼ）

2019 年から新たに新設された．酸化還元反応や加水分解反応を利用して，分子やイオンを生体膜を超えて移動させる能動輸送体が分類される．

F. 酵素・微生物を活用したバイオテクノロジー

酵素の触媒機能の特性を活用した有用物質の生産も数多く行われている．

以下に，いくつかの例を示す．

a. 糖関連化合物の生産

アミラーゼ（消化酵素）によるデンプンからの単糖やオリゴ糖の生産は歴史的にも古く，これらの技術はおもに日本で開発された．デンプンに各種のアミラーゼを作用させて生産する水あめ（マルトースを主成分とする）の製造に続いて，ストレプトマイセス属の放線菌のグルコースイソメラーゼを用いて，グルコース（42%）とフルクトース(58%)からなる甘味の増加した**異性化糖**を生産する技術がある．この工程では放線菌の固定化菌体を生体触媒(バイオリアクター)として使っている．

異性化糖と同様に食品工業で広く利用されている転化糖(グルコースとフルクトースの等量混合物)は，スクロース(砂糖)をスクラーゼ(消化酵素．インベルターゼともいう)で加水分解して生産する．

デンプンに，バチルス属細菌のシクロデキストリングルカノトランスフェラーゼを作用させると，デキストリンが生成するとともに，環状化したグルコースのオリゴ糖(シクロデキストリン)が生成する．一般的にはグルコースが 6，7，または 8 分子から構成され，α-，β-，γ-シクロデキストリンといわれている．これらは外側が親水性，内側の空洞が疎水性の構造をとり，内側に取り込まれる化合物を立体特異的に包接して長時間安定に保持する(図 6.20)．この包接によりシクロデキストリンは乳化作用，化学的安定化，酸化防止などの作用を示し，食品工業，医薬品工業，化粧品工業などの分野で広く利用されている．

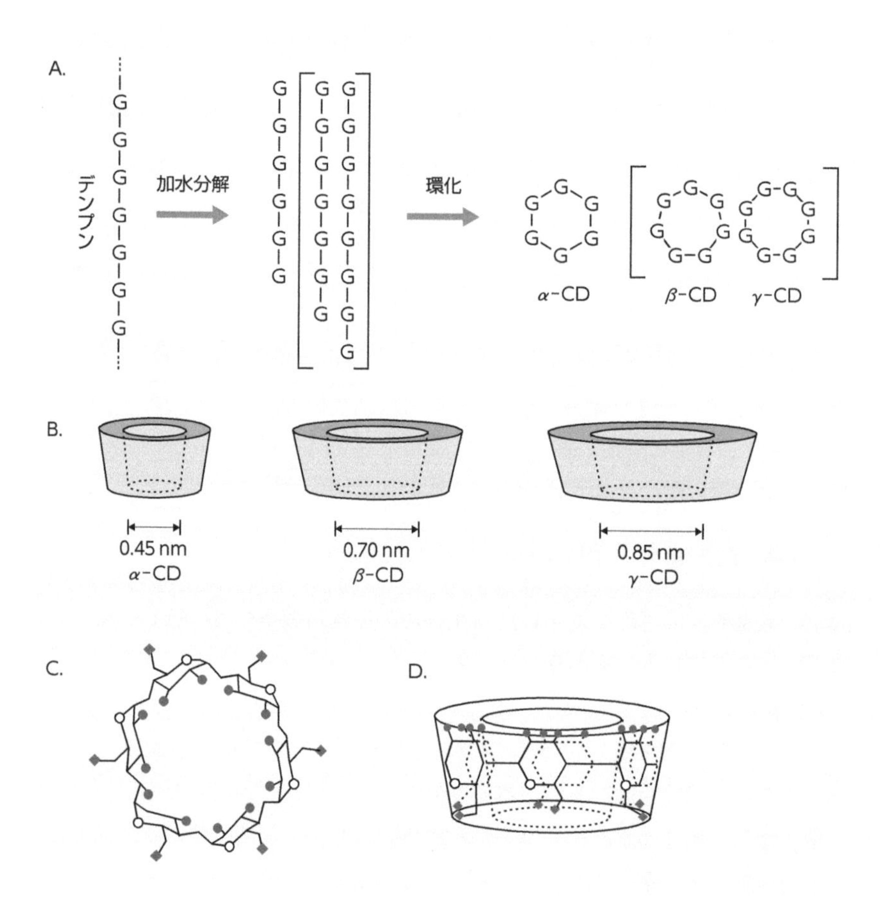

図6.20 シクロデキストリン(CD)の酵素的合成と構造模式図
A. シクロデキストリングルカノトランスフェラーゼによるα-，β-，γ-シクロデキストリンの合成. G はグルコースを示す.
B. α-，β-，γ-シクロデキストリンの構造モデル(側面)
C. α-シクロデキストリン分子の立体構造(上部)
D. C の側面部
◆：親水性基
●：疎水性基

b. アミノ酸および核酸関連化合物の生産

酵素の大きな特色の１つである立体特異性を活用した酵素利用の例(バイオリアクター)として，アミノ酸の鏡像異性体の合成がある．アミノアシラーゼは化学的に合成されたラセミ体の *N*-アシルアミノ酸の一方の鏡像異性体だけを立体特異的に加水分解するので，ラセミ体からの光学活性なL-またはD-アミノ酸だけを立体選択的に生産することができる(図6.21)．

また，糖質を原料に微生物を大量に培養してアミノ酸を生産させることを**アミノ酸発酵**という．アミノ酸発酵も日本で開発されたバイオテクノロジー技術である．コンブの旨味成分であるL-グルタミン酸やその他のアミノ酸が製造されている．アミノ酸の製造法には，現在，コリネバクテリウム属の細菌(*Corynebacterium glutamicum*)の野生株を用いるグルタミン酸発酵法，それらの栄養要求変異株やアナログ耐性変異株などを利用するリシン(リジン)やメチオニン発酵法，さらにはアスパルターゼによるフマル酸からアスパラギン酸の，さらにはアスパラギン酸デカルボキシラーゼによるアスパラギン酸からL-アラニンの酵素的合成法(バイオリアクター)なども実用化されている．これらは，**核酸発酵**(イノシン酸やグアニル酸などの発酵生産)と並んで，日本の微生物産業や食品工業を支えている．

c. その他の物質の生産

医療現場ではカビや放線菌といった微生物が生産する**抗生物質**が使われている．ペニシリウム属のアオカビが**ペニシリン**を，細菌の一種であるストレプトマイセス属の放線菌が**ストレプトマイシン**などを生産している．

炎症を抑える医薬品(抗炎症剤)の１つであるコルチゾン(ステロイドホルモン)という化合物を化学反応によってつくるには数十ステップの道のりが必要であるが，ある微生物の力を利用すると，このステップを短縮することができ，コルチゾンを安価に生産できるようになった．

現在では，**DNA 組換え技術**を利用してつくられた大腸菌クローンなどからイ

図6.21 アミノアシラーゼによる光学活性アミノ酸の合成

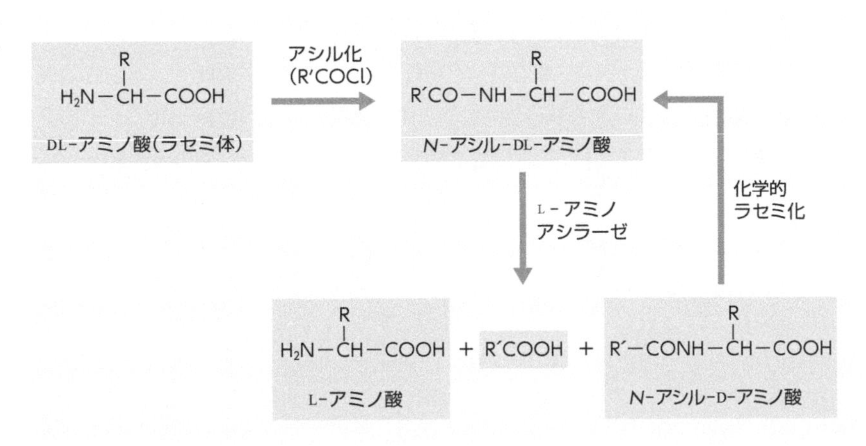

ンスリン，ヒト成長ホルモン，インターフェロン，あるいは，チーズの製造に必要な凝乳酵素キモシン(代用レンネット)，油脂の機能改変に用いられるリパーゼ，洗剤用酵素としてのプロテアーゼ，リパーゼ，セルラーゼ，あるいは抗血栓剤としてのウロキナーゼやプラスミノーゲンアクチベーターなどさまざまな酵素類も製造され，病気の治療にも役立っている．

(　　)に入る適切な語句を答えなさい．

1) 有機化合物の多様性は炭素原子の電子配置に起因する．炭素原子は(　　)つの価電子をもつ．すなわち原子価が(　　)価であるため，水素，酸素，窒素，硫黄，リン，ハロゲンなどと(　　)結合をつくるばかりでなく，炭素原子同士が鎖状または環状に結合し，他の原子との結合を加えて多種多様な化合物の骨格構造を形成する．

2) 有機化合物は特定の性質をもつ原子や原子団を含んでいることが多く，これらの原子団を(　　)という．異なった化合物でも同じ(　　)をもつと，同様の特性を示すことが多い．

3) 有機化合物は特定の元素(原子)から構成されているが，「分子式」は同じでも，「分子の構造」が異なり化学的性質が違う(　　)が存在する．これらを大きく分けると「構造(　　)」と「鏡像(　　)」という化合物が存在する．

4) 生体内では(　　)という有機化合物の合成反応と分解反応が繰り返され，生体は整然と合目的的に「制御」された化学反応のネットワーク全体を構築している．

5) 生物の細胞内では，生体外から摂取された栄養成分などの化学物質は，(　　)により触媒される化学反応によってさまざまな物質につくり変えられる．酵素は常温・常圧条件下の細胞内での化学反応の(　　)を小さくすることで反応速度を速め，生成物を与える触媒の役割を担っている．

6) カビや酵母，あるいは細菌などの有用(　　)は，発酵(　　)食品の製造，医薬品やさまざまな有用物質の生産，あるいは環境浄化やバイオマスの分解や利用など人類の生活に極めて重要なはたらきをしている．

基礎化学　第2版　索引

サ

タ

編者紹介

中村　宜督

1993年　京都大学農学部食品工学科卒業
1998年　京都大学大学院農学研究科修了
現　在　岡山大学学術研究院環境生命自然科学学域 教授

辻　英明

1970年　京都大学農学部農芸化学科卒業
1977年　京都大学大学院農学研究科修了
現　在　岡山県立大学 名誉教授

NDC 590　143p　26 cm

栄養科学シリーズ NEXT
基礎化学　第2版

2024年 5月 22日　第1刷発行

編　者　中村宜督・辻　英明
発行者　森田浩章
発行所　株式会社　講談社
〒112-8001　東京都文京区音羽 2-12-21
販　売　(03)5395-4415
業　務　(03)5395-3615

KODANSHA

編　集　株式会社　講談社サイエンティフィク
代表　堀越俊一
〒162-0825　東京都新宿区神楽坂 2-14　ノービィビル
編　集　(03)3235-3701

本文データ制作 カバー印刷　半七写真印刷工業株式会社
本文・表紙印刷 製本　株式会社ＫＰＳプロダクツ

落丁本・乱丁本は，購入書店名を明記のうえ，講談社業務宛にお送りください．送料小社負担にてお取り替えします．なお，この本の内容についてのお問い合わせは講談社サイエンティフィク宛にお願いいたします．
定価はカバーに表示してあります．

© Y. Nakamura and H. Tsuji, 2024

本書のコピー，スキャン，デジタル化等の無断複製は著作権法上での例外を除き禁じられています．本書を代行業者等の第三者に依頼してスキャンやデジタル化することはたとえ個人や家庭内の利用でも著作権法違反です．

JCOPY 〈(社)出版者著作権管理機構　委託出版物〉

複写される場合は，その都度事前に(社)出版者著作権管理機構(電話 03-5244-5088，FAX 03-5244-5089，e-mail：info@jcopy.or.jp)の許諾を得てください．

Printed in Japan

ISBN978-4-06-535640-1